I0896597

KORPORATION DER KAUFMANNSCHAFT VON BERLIN

Handels-Hochschule Berlin

Amtliches Verzeichnis der Vorlesungen und Übungen

Wintersemester 1915/16

Verlag von Georg Reimer, Berlin W 10

Börsenbuchdruckerei Denter & Nicolas,
Berlin Mitte, Neue Friedrichstr. 43

Inhalt

Zur Einführung

Vorlesungen und Übungen

1. An der Handels-Hochschule wie an jeder Hochschule werden *Vorlesungen und Übungen* gehalten. Zwischen beiden besteht ein Gegensatz. Bei den Vorlesungen hat der Teilnehmer nur dem Vortrage seines Lehrers zu folgen, von dem Vortrag, soweit ihm dies nicht durch gedruckte Hilfsmittel erspart wird, einen Auszug niederzuschreiben und das Vorgetragene während des Semesters oder der Ferien sich geistig anzueignen. Bei den Übungen hat er irgend eine Aufgabe zu lösen, etwa die kritische Besprechung einer Bilanz, die Entscheidung eines Rechtsfalles aus dem kaufmännischen Leben, die Erstattung eines Gutachtens in einer Frage der Handelspolitik, um auf diese Weise seine Kenntnisse zugleich anzuwenden und zu vertiefen. Die Vorlesungen vermitteln Wissen, die Übungen entwickeln Können. Zu einer fruchtbringenden Ausbildung ist beides erforderlich. Man muß Kenntnisse erwerben, und man muß in ihrer Anwendung seine geistigen Kräfte üben.

Die *Vorlesungen* sind teils für Anfänger, teils nur für Vorgerückte bestimmt. Die Vorlesungen *für Anfänger* setzen nichts voraus als eine genügende Vorbildung für die Hochschule. Solche Vorlesungen sind z. B. die allgemeine kaufmännische Privatwirtschaftslehre, die allgemeine Nationalökonomie, das bürgerliche Recht, die allgemeine Geographie. Die Vorlesungen *für Vorgerückte* bauen auf anderen Vorlesungen auf und setzen deshalb voraus, daß man jene bereits gehört und sich ihren Inhalt zu eigen gemacht hat. Vorlesungen für Vorgerückte sind u. a. als auf die allgemeine Privatwirtschaftslehre aufgebaut die allgemeine Handels-, Bank- und Industriebetriebslehre, die auf die allgemeine Nationalökonomie aufgebaute Volkswirtschaftspolitik, das auf das bürgerliche Recht aufgebaute Handelsrecht, die auf die allgemeine Geographie aufgebaute Wirtschaftsgeographie. Vorwiegend für Vorgerückte bestimmt sind auch die *gewerblichen Einzelvorträge,* die im Februar durch hervorragende Praktiker gehalten werden.

Ob eine Vorlesung für Anfänger oder für Vorgerückte bestimmt ist, läßt sich aus dem Vorlesungsverzeichnis nicht immer ersehen. Man kann es von Sachkundigen, besonders auch von Lehrern und Studierenden der Hochschule, leicht erfahren.

Das Gleiche wie für die Vorlesungen gilt auch für die *Übungen* mit Einschluß der naturwissenschaftlichen Praktika und der Sprachkurse. Es gibt Anfängerübungen, Übungen für Vorgerückte und wissenschaftliche Seminare. Die *Anfängerübungen* setzen nichts voraus als das, was der Teilnehmer auf die Handels-Hochschule mitzubringen pflegt oder in gleichzeitig stattfindenden Vorlesungen lernt. Solche Anfängerübungen sind z. B. die Übungen im bürgerlichen Recht. Die *Übungen für Vorgerückte* setzen voraus, daß der Teilnehmer auf der Handels-Hochschule oder im Leben bereits ein höheres Maß von Wissen erworben, in der Regel also daß er bestimmte Vorlesungen gehört, nicht selten auch daß er sich schon an Anfängerübungen beteiligt hat. Solche Übungen für Vorgerückte sind z. B. die Übungen im Handelsrecht. Die *wissenschaftlichen Seminare* setzen voraus, daß der Teilnehmer ein höheres Maß von Wissen besitzt und in dem betreffenden Fach begonnen hat, sich mit den Methoden selbständigen wissenschaftlichen Arbeitens vertraut zu machen. Solche wissenschaftlichen Seminare sind z. B. das juristische Seminar, die handelswissenschaftlichen Seminare, das geographische Seminar und das chemische Kolloquium.

Auch bei den Übungen zeigt das Vorlesungsverzeichnis nicht immer mit Deutlichkeit, ob es sich um eine Anfängerübung, eine Übung für Vorgerückte oder ein wissenschaftliches Seminar handelt. Auch hier aber kann man sich leicht bei Sachkundigen, etwa bei Lehrern oder Studierenden der Hochschule, unterrichten.

2. Die Vorlesungen und Übungen *erstrecken sich im allgemeinen über ein Semester.* Der Umfang einer Vorlesung oder einer Übung wird durch die Anzahl der *Wochenstunden* bezeichnet, die auf sie entfallen. Eine dreistündige Vorlesung ist hiernach eine Vorlesung, die vom Anfang des Semesters bis zu dessen Schluß jede Woche drei Stunden in Anspruch nimmt.

Von dieser Regel gibt es nur wenige Ausnahmen. Manche Übungen, namentlich solche für Vorgerückte, finden nicht jede Woche, sondern nur alle 14 Tage statt, so z. B. die geographischen Übungen und das juristische Seminar; wenn Übungen vierzehntägig sind, so ist dies im Vorlesungsverzeichnis besonders hervorgehoben. Die gewerblichen Einzelvorträge erstrecken sich weder über das ganze Semester, noch behandeln sie gemeinsam einen einheitlichen Gegenstand, sondern jeder für sich hat seinen besonderen Gegenstand, sodaß sie mehr öffentlichen Vorträgen als den sonstigen Vorlesungen gleichen.

Die Vorlesungen und Übungen *beginnen* im allgemeinen am 26. Oktober. Der Anfang der einzelnen Vorlesungen hängt von den Wochentagen ab, auf die sie fallen. Er ist aus dem *Auditorienzettel* zu ersehen, der kurz vor Beginn der Vorlesungen erscheint und für jede Vorlesung und Übung außer dem Hörsaal, in dem sie stattfindet, auch den Tag ihres Beginns enthält.

Eine kurze Unterbrechung tritt durch die *Weihnachtsferien* ein. Sie dauern vom 22. Dezember bis einschließlich zum 4. Januar.

Die Vorlesungen und Übungen *endigen* im allgemeinen am 4. März. Im einzelnen hängt auch der Schluß von dem Tage ab, auf den eine Vorlesung oder Übung fällt. Wann eine Vorlesung oder Übung schließt, wird in ihr mündlich bekannt gegeben.

Zulassung zu Vorlesungen und Übungen

1. An den Vorlesungen und Übungen kann man in dreifacher Eigenschaft teilnehmen, als Studierender, Hospitant oder Hörer.

Als *Studierende* können im allgemeinen nur aufgenommen werden: Kaufleute, welche die Berechtigung zum Einjährig-Freiwilligen-Dienst erworben und die Lehrzeit beendet haben; Abiturienten der höheren neunklassigen Lehranstalten des Deutschen Reiches und der entsprechenden Lehranstalten des Auslandes; Lehrer und Lehrerinnen, welche die Prüfung als Oberlehrer oder die zweite Lehramtsprüfung bestanden haben. Nur ausnahmsweise können auch solche Personen aufgenommen werden, welche diesen Bedingungen nicht entsprechen, wenn sie in der Lage sind, eine anderweitige genügende Vorbildung nachzuweisen.

Die Aufnahme der Studierenden erfolgt durch die *Immatrikulation:* sie verpflichten sich durch Namensunterschrift und Handschlag dem Rektor gegenüber auf die Ordnungen der Handels-Hochschule und erhalten von ihm eine Urkunde, die Matrikel. Die Immatrikulationen finden an bestimmten Terminen statt, die erste am 25. Oktober.

Die Studierenden zahlen für die Teilnahme an Vorlesungen und Übungen eine *Bauschgebühr*, die bei Inländern 125 M, bei Ausländern

250 M für das Semester beträgt, und sie zur Teilnahme an Vorlesungen und Übungen bis zu 24 Wochenstunden berechtigt.

Als *Hospitanten* können solche Personen aufgenommen werden, die ihrer Vorbildung nach als Studierende aufgenommen werden könnten, bei denen aber persönliche Verhältnisse dem entgegenstehen. Ihre Aufnahme erfolgt durch Bewilligung des Rektors, über die Aufnahme erhalten sie eine Bescheinigung, den Hospitantenschein. Sie bezahlen die Vorlesungen und Übungen, an denen sie teilnehmen, einzeln. Das *Kollegiengeld* beträgt für das Semester für jede Wochenstunde 10 M (Ausländer 20 M), jedoch bei den nach 6 Uhr abends liegenden einstündigen Vorlesungen nur 5 M (Ausländer 10 M). Inhaber des Diploms einer deutschen Handels-Hochschule und die Studierenden der Technischen Hochschule Berlin entrichten für jede Wochenstunde 5 M. Vollimmatrikulierte Studierende anderer Hochschulen entrichten bei mehrstündigen Vorlesungen für die Wochenstunde 5 M.

Als *Hörer* kann jedermann aufgenommen werden, der Nachweis einer bestimmten Vorbildung ist nicht erforderlich. Die Aufnahme als Hörer erfolgt durch Bewilligung des Rektors, der als Hörer Aufgenommene erhält eine Hörerkarte. Auch die Hörer bezahlen die Vorlesungen und Übungen einzeln. Die *Hörgebühr* beträgt für das Semester für jede einstündige Vorlesung 10 M, jedoch bei den nach 6 Uhr abends liegenden Vorlesungen nur 5 M.

Die Berechtigung zur Teilnahme an Vorlesungen und Übungen ist für Studierende, Hospitanten und Hörer nicht die gleiche. Die Studierenden können ohne Einschränkung an Vorlesungen und Übungen aller Art teilnehmen. Die Hospitanten können dies im allgemeinen auch, nur zu den der Gefahr der Überfüllung besonders ausgesetzten Sprachkursen im Englischen und Französischen sind sie nicht zugelassen. Die Hörer sind grundsätzlich nur zu einstündigen Vorlesungen zugelassen, nur durch besondere Bewilligung des Rektors können sie die Zulassung zu mehrstündigen Vorlesungen und Übungen erlangen.

Bei vielen Übungen, besonders bei den Übungen für Vorgerückte, ist es unzweckmäßig, wenn die Zahl der Teilnehmer zu groß ist oder wenn einem Teil von ihnen die notwendige Vorbildung fehlt. Die Teilnahme an solchen Übungen ist deshalb von einer in das freie Ermessen des Leiters gestellten *Aufnahme* abhängig, was im Vorlesungsverzeichnis durch ein (A) ausgedrückt ist.

2. Die Studierenden, Hospitanten und Hörer müssen die einzelnen Vorlesungen, die sie zu hören wünschen, *belegen.*

Die *Studierenden* erhalten bei der Immatrikulation ein Meldungsbuch. Sie tragen in dieses die gewünschten Vorlesungen und Übungen ein und legen es hierauf in der Hochschulkasse zur Abstempelung vor.

Die *Hospitanten* geben auf dem Sekretariat an, an welchen Vorlesungen und Übungen sie teilzunehmen wünschen. Die belegten Vorlesungen und Übungen werden ihnen in den Hospitantenschein eingetragen.

Die *Hörer* geben in der gleichen Weise die in Aussicht genommenen Vorlesungen an. Die belegten Vorlesungen werden auf ihrer Hörerkarte vermerkt.

Das Belegen der Vorlesungen und Übungen kann *bis zum 30. November* hinausgeschoben werden, bis dahin ist die vorläufige Teilnahme möglich. Wer sich zur Immatrikulation erst gemeldet hat, kann daher, bevor sie erfolgt ist, bereits Vorlesungen und Übungen besuchen. Wer im Zweifel ist, ob er eine Vorlesung oder Übung belegen soll, kann sie zunächst einige Zeit besuchen, um sie kennen zu lernen.

Hat ein Studierender eine Vorlesung belegt, die ihm nachträglich als zu schwierig oder aus anderen Gründen ungeeignet erscheint, so kann er bis zum 30. November an ihrer Stelle eine andere Vorlesung belegen.

Wahl der Vorlesungen und Übungen

1. Bei der Wahl der zu belegenden Vorlesungen und Übungen muß man sich darüber klar sein, daß man in der zur Verfügung stehenden Zeit nicht alle an der Handels-Hochschule gelehrten Fächer studieren kann.

Ein ordnungsmäßiges Studium an der Handels-Hochschule fordert eine *Studienzeit* von 4 bis 5 Semestern, dies kommt darin zum Ausdruck, daß der Studierende zur kaufmännischen Diplomprüfung erst nach 4, zur Handelslehrerprüfung erst nach 5 Semestern zugelassen wird. Diese Studienzeit ist ein Mindestmaß, und wer längere Zeit, etwa 6 Semester, auf das Studium verwenden kann, wird Vorteil davon haben. Mancher hat nicht einmal 4 bis 5 Semester zur Verfügung und muß deshalb darauf verzichten, seinem Studium durch das Bestehen einer Prüfung einen äußeren Abschluß zu geben. Jeder, auch wenn er noch so viel Zeit hat, muß sich mit einem Teil des Wissensstoffes begnügen, den die Hochschule bietet.

An der Handels-Hochschule werden zahlreiche *Fächer* gelehrt: Privatwirtschaftslehre (Handelswissenschaft), Volkswirtschaftslehre, Rechtswissenschaft, Versicherungslehre, Genossenschaftslehre, Chemie, Physik,

Geographie und Sprachen. Unter ihnen muß man für das Studium von vornherein eine kleinere Anzahl ins Auge fassen, was nicht hindert, daß später Abweichungen von dem ursprünglichen Plan stattfinden.

Als Gegenstände des Studiums werden in der Regel Privatwirtschaftslehre, Nationalökonomie und Rechtswissenschaft in Betracht kommen, neben diese Fächer wird man je nach Neigung noch Physik, Chemie, Geographie, Versicherungs- oder Genossenschaftslehre oder eine Sprache treten lassen, wobei man sich freilich hüten muß, sich durch Beschäftigung mit zu vielen Fächern zu zersplittern. Wenn bei Beginn des Studiums bereits ein fest bestimmtes Lebensziel vorliegt, so können indessen die Zusammenstellungen auch recht wohl anderer Art sein: ein künftiger Industrieller kann etwa unter Verzicht auf Rechtswissenschaft die Naturwissenschaften in den Vordergrund stellen.

2. In den für das Studium in Aussicht genommenen Fächern muß man unter den verschiedenen Vorlesungen und Übungen eine *Auswahl* treffen. Es kommen nicht nur die in diesem Vorlesungsverzeichnis aufgeführten Vorlesungen und Übungen, sondern auch noch weitere in Betracht. Die wichtigsten Vorlesungen und Übungen werden allerdings in jedem Semester gehalten. Es gibt aber auch solche, die nur alle 2 oder 4 Semester stattfinden, z. B. Zahlungsverkehr, Warenkalkulation, moderne Gesellschaft, Geldwesen, Zivilprozeß, Konkursrecht, Staatsrecht, Verwaltungsrecht, Mitteleuropa, organische Chemie, anorganische Chemie. Infolgedessen werden noch mehr Vorlesungen und Übungen geboten als in einem einzelnen Vorlesungsverzeichnis zur Erscheinung kommen, und die Auswahl ist schwer.

Zunächst soll man die Vorlesungen und Übungen für Anfänger belegen, erst hernach die für Vorgerückte. Der Studierende muß der Versuchung widerstehen, bereits im Anfang die Spezialvorlesungen über solche Gegenstände zu hören, die ihn besonders interessieren, etwa, wenn er aus dem Bankfach kommt, die Vorlesungen über Bankbetriebslehre und Bank- und Börsenrecht. Solche Spezialvorlesungen sind in der Regel für Vorgerückte bestimmt, sie setzen den Inhalt anderer allgemeiner Vorlesungen voraus. Nur in dem Notfalle, daß jemand dem Studium bloß eine kurze Zeit, etwa ein oder zwei Semester, widmen kann, läßt es sich rechtfertigen, neben den Anfängervorlesungen zugleich die auf sie aufbauenden Vorlesungen für Vorgerückte zu hören.

Man wird gut daran tun, in den umfangreicheren Wissensgebieten das Studium bereits im ersten, spätestens im zweiten Semester zu beginnen, nur auf diese Weise kann man in ihnen eine richtige Reihenfolge der aufeinander aufgebauten Vorlesungen und Übungen inne halten. Das Studium dieser Wissensgebiete kann sich nicht hintereinander vollziehen, sondern nur nebeneinander fortschreiten.

Der Stundenplan eines jeden Semesters muß von *vier oder fünf Hauptvorlesungen* und den sie ergänzenden Übungen beherrscht sein, so der des ersten Semesters etwa von allgemeiner Privatwirtschafts- oder Welthandelslehre, allgemeiner Nationalökonomie, bürgerlichem Recht und Übungen im bürgerlichen Recht und allgemeiner Geographie. Nur soweit neben diesen großen Vorlesungen und Übungen noch Zeit und Kraft übrig sind, kann das Anhören von solchen Vorlesungen empfohlen werden, die sich auf interessierende Einzelheiten beschränken wie die Vorlesung über Patentrecht oder der allgemeinen Bildung dienen wie die Vorlesung über Philosophie.

3. Indem man eine Anzahl von Vorlesungen und Übungen belegt, verfügt man über einen bestimmten Teil seiner Zeit. Auch aus diesem Gesichtspunkte muß man bei der Wahl mit der größten Umsicht vorgehen.

Man soll *nicht zuviel belegen.* Wieviel, wird von der Gesundheit und Ausdauer des einzelnen abhängen. Man soll nur soviel Vorlesungen hören, daß man sich das Gehörte geistig aneignen kann, und nur an soviel Übungen teilnehmen, daß man in ihnen regelmäßig mitzuarbeiten vermag. Die Höchstzahl von 24 Wochenstunden, auf die der Studierende für die Bauschgebühr ein Anrecht hat, kann ausnahmsweise mit Zustimmung des Rektors überschritten werden; im allgemeinen wird man gut daran tun, eher etwas hinter ihr zurückzubleiben.

Beim Belegen soll man nach einer *guten Zeiteinteilung* streben. Es ist verfehlt, an einem Tage etwa 6 Stunden hintereinander ohne Unterbrechung an Vorlesungen und Übungen teilzunehmen, denn während der letzten Stunden läßt sich nicht mehr das erforderliche Maß von geistiger Kraft aufbringen. Es ist ebenso verfehlt, den Stundenplan so einzurichten, daß mit zahlreichen Pausen fast alle Vor- und Nachmittage besetzt sind, denn auf diese Weise geht viel Zeit verloren, und die häusliche Arbeit leidet. Es gilt ein richtiges Mittelmaß inne zu halten.

Eine gute Zeiteinteilung ist so wichtig, daß sie es unter Umständen sogar rechtfertigen kann, von der richtigen Reihenfolge der Vorlesungen und Übungen abzuweichen. Die Ziele der Studierenden sind verschieden, infolgedessen läßt es sich nicht vermeiden, daß selbst der noch so sorgfältig aufgestellte Stundenplan einer Hochschule den Bedürfnissen des einen oder anderen nicht entspricht. Bei der Wahl der zu belegenden Vorlesungen wird der Studierende nicht selten in die Lage kommen, unter mehreren Unzuträglichkeiten die geringere wählen zu müssen.

Drucksachen, Anfragen

1. Näheres über die Handels-Hochschule ist aus den amtlichen Drucksachen zu ersehen.

Die *Ordnungen* der Handels-Hochschule Berlin enthalten die Bestimmungen über die Aufnahme von Studierenden, Hospitanten und Hörern, die Gebührenordnungen, die Prüfungsordnungen und die zu ihnen ergangenen Ausführungsvorschriften. Sie kosten 0,50 M.

Das *Vorlesungsverzeichnis* (amtliches Verzeichnis der Vorlesungen und Übungen) kostet 0,30 M.

Das *Personalverzeichnis* (amtliches Verzeichnis des Personals und der Studierenden) kostet 0,20 M.

Die *Jahresberichte* der Handels-Hochschule enthalten ausführliche Angaben über den Besuch der Handels-Hochschule im verflossenen Studienjahre und die in ihm geleistete Arbeit. Der Bericht über die erste Rektoratsperiode 1906/1909, erstattet von dem Rektor Prof. Dr. Jastrow, kostet 3 M. Der Bericht über das vierte und fünfte Studienjahr 1909/1911, erstattet von dem Rektor Prof. Dr. Binz, kostet 1,50 M. Die Berichte über das sechste Studienjahr 1911/1912 und über das siebente Studienjahr 1912/1913, erstattet von dem Rektor Prof. Dr. Binz, kosten je 1,20 M.

Alle diese Drucksachen sind im Verlag von Georg Reimer, Berlin W 10 erschienen und durch jede Buchhandlung sowie unmittelbar durch die Verlagsbuchhandlung zu beziehen. Die Ordnungen, das Vorlesungs- und Personalverzeichnis übersendet auf Wunsch auch das Sekretariat.

2. Anfragen über die Handels-Hochschule sind zu richten:

An den Rektor der Handels-Hochschule
Berlin C 2, Spandauer Straße 1.

Anfragen, bei denen es sich um Immatrikulationsbedingungen, Drucksachen und ähnliches handelt, sind zu richten:

An das Sekretariat der Handels-Hochschule
Berlin C 2, Spandauer Straße 1.

Lehrkörper

– Die fett gedruckten Ziffern verweisen auf die Nummern der Vorlesungen –

Rektor der Handels-Hochschule

Dr. Eltzbacher, Professor.

Prorektor

Dr. Binz, Professor.

Dozenten im Hauptamte

– telephonisch erreichbar in der Handels-Hochschule mit den Anschlüssen Zentrum 108 28, 108 29, 108 30 –

Dr. Binz, Professor der Chemie, W 50, Neue Ansbacher Str. 9 III. – Sprechstunde Mi 12-1 im Chemischen Institut, Zimmer 210. – **69, 70, 72, 73, 74**

Dr. Eltzbacher, Professor der Rechtswissenschaft, Berlin-Grunewald, Fontanestr. 8. – Sprechstunde im Beginn des Semesters täglich außer Di von 1 Uhr ab, vom 10. November ab Mo, Do von 12, Fr von 1 Uhr ab im Rektoratszimmer. – **1, 48, 59, 60**

Dr. Esslen, Professor der Volkswirtschaftslehre, Berlin-Schöneberg, Freiherr-vom-Stein-Str. 10, Nollendorf 8351. – Sprechstunde nach den Vorlesungen im Hochschulgebäude, Zimmer 207. – **29, 33, 41, 45**

Dr. Hellauer, Professor der Handelswissenschaften, Zehlendorf-West, Seestr. 53. – Sprechstunde Mi 12-1 und nach den Vorlesungen im Hochschulgebäude, Zimmer 206a. – **4, 5, 15, 18, 23**

Leitner, Professor der Handelswissenschaften, Charlottenburg, Windscheidstr. 5. – Sprechstunde nach den Vorlesungen im Hochschulgebäude, Zimmer 108. – **3, 9, 10, 22, 24, 28**

Dr. Martens, Professor der Physik, NW 87, Tile-Wardenberg-Str. 19 III. – *Im Felde.* – **75, 76, 77, 79, 80, 81**

Dr. Preuß, Professor des öffentlichen Rechts, W 10, Matthäikirchstr. 29. – Sprechstunde nach den Vorlesungen im Hochschulgebäude, Zimmer 106. – **40, 57, 58**

Dr. Prion, D. H. H. L., Professor der Handelswissenschaften, Berlin-Grunewald, Charlottenbrunner Str. 1, Uhland 2328. – *Im Felde.* – **7, 17, 19, 26**

Dr. Schär, Professor der Handelswissenschaften, Berlin-Lichterfelde-Ost, Schillerstr. 26, Lichterfelde 3658. – Sprechstunde Mi von 11 an im Hochschulgebäude, Zimmer 1. – **6, 8, 25, 27**

Dr. Sombart, Professor der Staatswissenschaften, Charlottenburg, Trendelenburgstr. 11. – Sprechstunde Mi, Do 2 im Hochschulgebäude, Zimmer 104. – **31, 32, 44**

Dozenten im Nebenamte

Dr. Apt, Professor, Syndikus der Aeltesten der Kaufmannschaft von Berlin und Syndikus der Handels-Hochschule, W 9, Bellevuestraße 17. – Sprechstunde Mi 12-1 in seinem Amtszimmer Neue Friedrichstr. 51 I. *Liest nicht.*

Dr. v. Bortkiewicz, a. o. Professor an der Universität, Berlin-Halensee, Johann-Sigismund-Str. 2. – Sprechstunde nach der Vorlesung. – **30**

Dr. Crüger, Professor, Justizrat, Anwalt des Allgemeinen Deutschen Genossenschafts-Verbandes. – Sprechstunde 9-10 im Bureau des Verbandes, Charlottenburg, Berliner Str. 102, Wilhelm 597. – **67, 68**

Dr. Frischeisen-Köhler, Professor, Privatdozent an der Universität, Berlin-Friedenau, Isoldestr. 10. – *Im Felde.* – **105**

Dr. Hager, Regierungsrat a. D., Generaldirektor der Preußischen Lebens-Versicherungs-Aktien-Gesellschaft, Mitglied des Direktoriums der Reichsversicherungsanstalt für Angestellte, W 8, Mohrenstr. 62. – Sprechstunde vor und nach der Vorlesung im Hochschulgebäude, Zimmer 103. – **63**

Hecht, Hermann, Kaufmann, Mitinhaber der Firma Hecht, Pfeiffer & Co., Mitglied der Handelskammer zu Berlin, SW 68, Ritterstr. 48, Moritzplatz 10387, 10388. – Sprechstunde vorm. 9-10, Ritterstr. 48. *Liest nicht.*

Dr. Heilfron, Professor, Amtsgerichtsrat, Charlottenburg, Fasanenstr. 6, Steinplatz 10012. – Sprechstunde nach den Vorlesungen im Hochschulgebäude, Zimmer 2. – **49, 53, 55**

Dr. Herrmann, Professor, Privatdozent an der Universität, Schriftleiter der Gesellschaft für deutsche Erziehungs- und Schulgeschichte, W 50, Augsburger Str. 34 III. – Sprechstunde Mo, Do 4-5 in der Privatwohnung. – **106**

Dr. Hoeniger, Professor, Privatdozent an der Universität, Lehrer an der Kriegsakademie, W 50, Kurfürstendamm 231, hochparterre. – *Im Heeresdienst.* – **34, 35**

Hoffmann, J., Bureaudirektor der Korporation der Kaufmannschaft, C 2, Neue Friedrichstr. 51 (Verkehrsbureau, Zentrum 10774, 10775). – Sprechstunde nach der Vorlesung. – **21**

Dr. Jessen, Geheimer Regierungsrat, Direktor am Kunstgewerbe-Museum, SW 11, Prinz-Albrecht-Str. 7a, Zentrum 2569. – Sprechstunde nach der Vorlesung. – **108**

Dr. Justi, Professor, Direktor der Königlichen National-Galerie, Berlin-Westend, Karolingerplatz 3, Wilhelm 778. – *Im Heeresdienst.* – **107**

Dr. Köbner, a. o. Professor an der Universität, Geheimer Admiralitätsrat und vortragender Rat im Reichs-Marine-Amt, W 10, Matthäikirchstr. 28, Lützow 5194. – Sprechstunde nach der Vorlesung. – **42**

Dr. Kriele, volkswirtschaftlicher Beirat der Aeltesten der Kaufmannschaft von Berlin, Berlin-Grunewald, Friedenthalstr. 21. – Sprechstunde werktäglich von 10-11 Neue Friedrichstr. 51 I. – **38, 47**

Dr. Kuczynski, Direktor des Statistischen Amts der Stadt Berlin-Schöneberg, Schlachtensee, Terrassenstr. 17, Zehlendorf 1394. – Sprechstunde nach den Vorlesungen im Hochschulgebäude, Zimmer 103. – **36**

Dr. Kühne, Geheimer Regierungsrat, ordentliches Mitglied des Landesgewerbeamts, Charlottenburg, Schloßstr. 17. – *Im Felde.* – **102, 103, 104**

Dr. Freiherr v. Liebig, Professor, Geheimer Regierungsrat, Direktor im Kaiserlichen Aufsichtsamt für Privatversicherung, W 15, Ludwigskirchstr. 10 III. – Sprechstunde vor und nach den Vorlesungen im Hochschulgebäude, Zimmer 103. – **62, 65**

Dr. v. Luschan, o. Professor an der Universität, Geheimer Regierungsrat, Berlin-Südende, Oehlertstr. 26, Tempelhof 3222. – Sprechstunde nach der Vorlesung. – **86**

Dr. Manes, Professor, Generalsekretär des Deutschen Vereins für Versicherungswissenschaft, W 30, Aschaffenburger Str. 10, Lützow 9243. – *Im Felde.* – **61, 64, 66**

Dr. Marcuse, Professor, Privatdozent an der Universität, Lehrer beim Luftschiffer-Bataillon und an der Militärtechnischen Akademie, Charlottenburg, Dahlmannstr. 12, Steinplatz (7763). – Sprechstunde nach den Vorlesungen und Übungen. – **78, 87, 91**

Dr. Meyer, F., Geheimer Justizrat, Kammergerichtsrat, W 15, Hohenzollerndamm 207. – Sprechstunde 5-6 in der Privatwohnung. – **50, 54**

Dr. Muthesius, Geheimer Regierungsrat, Nikolassee, Dreilindenstraße. *Liest nicht.*

Dr. Osterrieth, Professor, Generalsekretär des Deutschen Vereins für den Schutz des gewerblichen Eigentums, Berlin, Bureau W 66, Wilhelmstr. 57-58 II, Zentrum 5404. – Sprechstunde 12-2 im Bureau. – **51**

Dr. Palme, Lehrer am Orientalischen Seminar der Universität, W 57, Bülowstr. 67 III. – *Im Felde.* – **92**

Paschke, Verlagsbuchhändler, Inhaber der Haude & Spenerschen Buchhandlung Max Paschke, SW 11, Dessauer Str. 13. – Sprechstunde täglich 11-1, Dessauer Str. 13. – **16**

Dr. Rahts, Professor, Regierungsrat und Mitglied des Kaiserlichen Statistischen Amtes, Berlin-Wilmersdorf, Rüdesheimer Platz 11, Uhland 1070. – Sprechstunde täglich von 4-5 in der Privatwohnung. – **46**

Lic. Dr. Rohrbach, Berlin-Friedenau, Stierstr. 19, Pfalzburg 2281. – Sprechstunde Mi 3–4, und nach den Vorlesungen in der Hochschule.

Dr. v. Seefeld, Geheimer Oberregierungsrat, vortragender Rat im Ministerium für Handel und Gewerbe, Zehlendorf, Knesebeckstr. 5. – Sprechstunde nach der Vorlesung. – **52**

Dr. Somary, NW 23, Klopstockstr. 15, Moabit 5524. — *Mitglied der belgischen Zivilverwaltung.* – **93**

Dr. Tiessen, Professor, Wannsee, Waltharistr. 11, Wannsee 248. – *Im Felde.* – **82, 85, 89**

Dr. Wegener, Georg, Professor, W 50, Prager Str. 36. – *Im Felde.* – **84, 88**

Dr. Ziegel, Direktor der Versicherungs-Gesellschaft „Victoria zu Berlin", Berlin-Wilmersdorf, Konstanzer Str. 52. – Sprechstunde nach den Vorlesungen. – **13, 20**

Mit Vorlesungen betraut

Baschin, Professor, Kustos des Geographischen Instituts der Universität, W 15, Pariser Str. 14a. – Sprechstunde nach der Vorlesung. – **83, 90**

Dr. v. Erdberg, W 50, Augsburger Str. 61 (Zentralstelle für Volkswohlfahrt), Lützow 2637. – Sprechstunde nach der Vorlesung. – **39**

Dr. Gerstner, D. H. H. L., öffentlich angestellter und beeidigter Bücherrevisor, Charlottenburg, Suarezstr. 27, Wilhelm 2996. – *Im Felde.* – **11**

Dr. Haas, Chefredakteur des Berliner Börsen-Courier, Berlin-Schöneberg, Innsbrucker Str. 20, Nollendorf 438. – Sprechstunde nach der Vorlesung im Hochschulgebäude, Zimmer 103. – **14**

Dr. Hoffmann, J. F., Professor am Institut für Gärungsgewerbe zu Berlin, Berlin-Niederschönhausen, Kaiser-Wilhelm-Str. 79. – Sprechstunde nach der Vorlesung. – **71**

Dr. Jäckh, Syndikus der Deutsch-Türkischen Vereinigung, W 35, Schöneberger Ufer 36a. – Sprechstunde nach der Vorlesung. – **43**

Mantzke, Dipl.-Handelslehrer, Charlottenburg, Kaiser-Friedrich-Str. 34, Wilhelm 6855. – Sprechstunde nach der Vorlesung. – **12**

Dr. Nußbaum, Rechtsanwalt, Privatdozent an der Universität, W 62, Lützowufer 24. – Sprechstunde nach der Vorlesung im Hochschulgebäude, Zimmer 103. – **56**

Röthe, Geheimer Oberpostrat, vortragender Rat im Reichspostamt, W 50, Kulmbacher Str. 3. *Liest nicht.*

Dr. Zoepfl, a. o. Professor an der Universität, Geheimer Oberregierungsrat und vortragender Rat im Reichskolonialamt, NW 6, Schiffbauerdamm 27. – Sprechstunde nach der Vorlesung. – **37**

Lektoren

Brandenburg, Professor, Oberlehrer, W 30, Landshuter Str. 22. – Sprechstunde nach den Übungen. – **94, 95**

Dr. Hecker, Professor, Lektor an der Universität, Berlin-Steglitz, Arndtstr. 38. – Sprechstunde nach den Übungen. – **97, 98**

Baron v. d. Osten-Sacken, Lehrer an der Kriegsakademie, Berlin-Wilmersdorf, Detmolder Str. 60. – Sprechstunde nach den Übungen. – **101**

de Palacios, Konsul a. D., Berlin-Steglitz, Mariendorfer Str. 57. – Sprechstunde nach den Übungen. – **99, 100**

Dr. Pariselle, Professor, Lehrer an der Kriegsakademie, Lektor an der Universität, W 30, Landshuter Str. 36, Kurfürst 2221. – Sprechstunde nach den Übungen. – **96**

Dr. Paszkowski, Professor, Leiter der Akademischen Auskunftsstelle an der Universität und Lektor der deutschen Sprache daselbst, Direktor des deutschen Instituts für Ausländer (Böttinger-Studienhaus), NW 7, Bauhofstr. 7. — Sprechstunde Mo, Do 11-12 in der Universität. – **2**

Lehrer für Stenographie

Coprian, Heinrich, Lehrer, N 58, Greifenhagener Str. 49. – Sprechstunde vor den Übungen. – **109, 110**

Institute und Seminare

Physikalisches Institut, 1. Stock.

Direktor: Dr. Martens, Professor.

Mechaniker: Horch.

Chemisches Institut, 2. Stock.

Direktor: Dr. Binz, Professor.

Assistent: Dr. Hueter, NW 6, Hannoversche Str. 4.

Institutsdiener: Köster.

Handelswissenschaftliches Seminar, Erdgeschoß, Z. 3, 4.

Direktoren: Dr. Hellauer, Professor.
Leitner, Professor.
Dr. Prion, Professor.
Dr. Schär, Professor.

Privatassistenten: Dr. Securius, Diplomhandelslehrer, Charlottenburg, Sophie-Charlotte-Str. 48, bei Professor Leitner,
Dr. Eisfeld, Diplomhandelslehrer, W 57, Yorckstr. 45, bei Professor Schär.

Welthandelsarchiv, 2. Stock, Z. 206b.

Direktor: Dr. Hellauer, Professor.

Assistenten: Wille, Diplomhandelslehrer. – *Im Felde.*
Linhard, Student an der Handels-Hochschule, N 24, Oranienburger Str. 86a.

Volkswirtschaftlich-juristisches Seminar, 1. Stock, Z. 105.

Direktoren: Dr. Sombart, Professor.
Dr. Eltzbacher, Professor.

Geographisches Seminar, 1. Stock, Zimmer 126.

Direktoren: Dr. Tiessen, Professor.
Dr. Wegener, Professor.

Astronomisch-geographische Übungsstation,
Heiligegeiststr. 1.

Direktor: Dr. Marcuse, Professor.
Privatassistent: Dr. Benignus, W 10, Tiergartenstr. 29a.

Englisches Seminar, 1. Stock, Zimmer 124.

Direktor: –

Romanisches Seminar, 1. Stock, Zimmer 124.

Direktor: –

Russisches Seminar, 1. Stock, Zimmer 124.

Direktor: Dr. Palme.

Seminar für Handelslehrer, 1. Stock, Zimmer 107.

Direktor: Dr. Kühne, Geheimer Regierungsrat.
Privatassistent: Redell, Diplomhandelslehrer, N 37, Templiner Str. 18.

Vorlesungen und Übungen

Die Vorlesungen und Übungen der im Heeresdienst stehenden Dozenten sind mit dem Zeichen * versehen. Bei Fortdauer des Krieges wird die Abhaltung dieser Vorlesungen und Übungen durch andere Dozenten nur im Falle eines dringenden Bedürfnisses stattfinden.

Einführung in die Studien

Dozent

(1) Einführung in das Studium an der Handels-Hochschule – *Mo, Mi, Do, Sb 12-1 in den ersten drei Wochen des Semesters* . . . . Eltzbacher

Die Aufgaben und die Organisation der Handels-Hochschule. – Einrichtung des Studienplanes, Mitarbeiten in Vorlesungen und Uebungen, die häusliche Arbeit, Verwendung der Ferien. – Studium und Prüfung.

(2) Deutsche Sprachkurse für Ausländer – *Di, Fr 8-10 vorm.* . . . . Paszkowski

Bei Bedarf werden 2 Kurse eingerichtet.

Grammatische und stilistische Uebungen. Sprechübungen über deutsche Landes- und Volkskunde, deutsches Geistes- und Wirtschaftsleben, deutsche Einrichtungen im Vergleich zu ausländischen. Schriftliche Nacherzählungen von eben Gehörtem oder Beobachtetem. Pflege der kaufmännischen Korrespondenz. Lektüre ausgewählter Abschnitte aus modernen Schriftstellern nach Paszkowski, Lesebuch zur Einführung in die Kenntnis Deutschlands und seines geistigen Lebens. 6. Auflage, Berlin, Weidmann 1914.

Bei den Ausländern, die die Handels-Hochschule besuchen, wird die Kenntnis der deutschen Sprache als selbstverständlich vorausgesetzt. Die deutschen Sprachkurse sollen ihnen nur Gelegenheit geben, sich weiter zu vervollkommnen.

Privatwirtschaftslehre

(Handelswissenschaft)

Kaufmännischer Betrieb im allgemeinen

Dozent

(3) Allgemeine Betriebslehre (Privatwirtschaftslehre kaufmännischer Betriebe) – *Mi 9-11* . . . . Leitner

Systematik. I. Betriebsmittel: Kapital und Vermögen, Kapitalbildung, -konsumtion, -bedarf. Umsatz. Finanzierung der Unternehmungen. Der Kredit, seine Organisation und seine Formen. Individueller, kollektiver und gesetzlicher Kreditschutz, Auskunftswesen, Kreditquellen. Zahlungsmittel und Zahlungsmethoden. Die Gegenstände des Handels, reale und ideelle Waren.

II. Formen der Unternehmung: Die Formen des Gesellschaftshandels, ihre charakteristischen Merkmale in wirtschaftlicher und rechtlicher Beziehung, Personen- und Kapitalvereinigungen.

III. Die Wirtschaftsführung: Der Handel als volkswirtschaftlicher Organismus, Grundlinien seiner Entwicklung, seiner Formen. Erwerbswirtschaften und ihre Ziele. Die Konkurrenz, das Risiko, die Spekulation. Mittel und Psychologie der Reklame. Organisation des Vertriebes, Einkaufs- und Verkaufsgemeinschaften. Der Kauf und seine handelstechnische Gestaltung.

(4) Allgemeine Welthandelslehre (Allgemeine Handelslehre mit besonderer Berücksichtigung des internationalen Warenhandels) – *Di 11-1, Mi 11-12* Hellauer

1. Einleitung: Begriff des Handels, Arten des Handels; die Welthandelslehre, ihre Literatur und Quellen.

2. Die Entwicklungsbedingungen des Handels, privatwirtschaftlich betrachtet: Eigenarten und Strebungen der einzelnen Handelsbetriebe, Konkurrenz und Konkurrenzaufhebung, Konkurrenzfähigkeit der Produktion, Transportbedingungen, öffentliche Verkehrsbeeinflussung bezüglich Grenzüberschreitungen, Bedarf und Kaufkraft der Abnehmerkreise, Rechtsverhältnisse, Handelsgebräuche, öffentliche Handelsförderung, Informationswesen, Ausstellungen, gemeinsame Interessenvertretung des Handels.

3. Die Organisation des Handelsverkehrs: a) im allgemeinen (Produzenten- und Konsumentenhandel, Verlagshandel, Einzel- und Gemeinschaftshandel, Groß- und Kleinhandel, Eigen- und Kommissionshandel; die Herstellung der kommerziellen Verbindung zwischen Verkäufer und Käufer), b) im Exporthandel, c) im Importhandel, d) in öffentlicher Art (Märkte, Auktionen, Einschreibungen, Submissionen, Börsen).

4. Der Kaufvertrag: a) die Kaufvertragstechnik im allgemeinen, b) die Technik besonderer Arten von Kaufverträgen.

(5) Börsenhandel – *Do 8-9 abends* . . . . Hellauer

Die Börse im allgemeinen, die Arten der Börsen, Organisation und Geschäftsverkehr der wichtigsten Börsen.

Die Teilnehmer am Börsenhandel. Die Objekte des Börsenhandels, ihre Zulassung zur Börse. Der Kassamarkt. Der Terminmarkt a) im Bankgeschäft, b) im Warenhandel. Die Kursnotierung. Die Technik der Geschäftsdurchführung im Termin-

Dozent

handel. Die privatwirtschaftliche Benutzung des Terminmarktes zu Differenzspekulation, Kurssicherung und Effektivumsätzen. Die Börsenarbitrage. Prämiengeschäfte. Das Prolongationsgeschäft und der Geldmarkt der Börse. Das Börsenkommissionsgeschäft.

(6) Kaufmännische Betriebslehre: Organisation — *Di, Fr 12-1* . . . . Schär

a) Theorie der Organisation in Handel und Industrie: Einordnung der Lehre von der Organisation in die allgemeine Handelsbetriebslehre. Wesen, Bedeutung und Umfang der Organisation der kaufmännischen Betriebe in Handel und Industrie. Der Rahmen der Organisation. Die Gesamtorganisation kapitalistischer, genossenschaftlicher und staatlicher Betriebe. b) Praktischer Teil. Organisation der Einzelunternehmung: Organisatorisches bei der Gründung (Gegenstand, Rechtsform, Standort, Finanzierung), desgleichen beim Betrieb (innerer und äußerer Dienst); Anpassung der Organisation an gegebene Verhältnisse. Organisation des Rechnungswesens, der Propaganda, der Kontrolle usw. Allgemeine und besondere Arbeitsordnungen; Monographien aus der Organisation einzelner Großbetriebe: Warenhaus, Großeinkaufsgenossenschaften, industrielle Betriebe, Verkehrsunternehmungen usw.

(7) * Finanzierung kaufmännischer und industrieller Unternehmungen — *Fr 9-11* . . . . Prion

A) Passive Finanzierung: 1. Geldbeschaffung bei Errichtung mit Eigenkapital, Personalkapital, Marktkapital (Finanzierung durch Aktien, Kuxe, Kolonialanteile), Kreditkapital.

2. Geldbeschaffung bei bestehenden Unternehmungen (Erweiterungskapitalien), Ueberschüsse, Kapitalerhöhung (Umwandlung in Aktiengesellschaft, Ausgabe junger Aktien, Fusionen, Agiopolitik, Vorzugsaktien, Sanierungen), Aufnahme von Schulden (Hypotheken, Obligationen, Kredite).

3. Die finanziellen Verhältnisse während des Betriebs: Anordnung von Vermögen, Kapital und fremden Mitteln; Bewertung, Sicherheit, Liquidität; Gewinn, Verlust, Rentabilität, Dividendenpolitik. Liquidation, Fusion, Konkurs.

B) Aktive Finanzierung: Der berufsmäßige Finanzier, Finanzierung als Bankgeschäftszweig, Beteiligungen, Tochtergesellschaften, Finanzierungsgesellschaften.

(8) Kaufmännische und industrielle Kalkulation — *Di 9-11* . . . . Schär

Elemente und Methoden der Kalkulation. Kritische Untersuchung von Kalkulationen aus kaufmännischen und industriellen Betrieben. Kaufmännische Kalkulationen. Industrielle Kalkulationen. Kalkulatorische Bearbeitung der Bilanzen usw.

(9) Allgemeine Buchhaltungslehre — *Do 9-10 vorm.* . Leitner

Einleitung. Aufgaben der Buchhaltung. Inventarium und Bilanz, Gründungs- und Schlußbilanz. Vermögensänderungen und ihre Aufzeichnung. Das Konto. Wesen der Verwaltungs- (kameralistischen) und Bestands- (einfachen) Buchführung. Wertveränderungen des Kapitals, Erfolgsbuchführung. Wesen und Technik der doppelten Buchhaltung.

Dozent

Kontensysteme und Kontentheorien. Kontenschemata für verschiedene Zweige des Handels und der Industrie. Rechtliche und wirtschaftliche Leistungen der Doppik. Gründung, Geschäftsbetrieb und Abschlußtechnik. Alte und neue Formen der Doppelbuchhaltung.

Besondere Fälle: Geheimbuchführung, Abschluß bei Handelsgesellschaften, transitorische Buchungen, Filiale und Zentrale usw.

(10) Bilanzkunde – *Do 10-12* . . . . Leitner

Inventur, Inventar und Bilanz. Gründungsbilanz und -technik. Abschlußtechnik. Schlußbilanzen. Vermögens- und Ertragsbilanzen, ihr rechtlicher und wirtschaftlicher Inhalt, Bilanzen der Einzelkaufleute, der Personal- und Kapitalgesellschaften. Reserven. Bewertung der Bilanzposten, unechte und stille Reserven, Abschreibungen. Betriebsrechnung und Ertragsbilanz. Gewinnverteilung und Erfolgsregulierungsposten. Die Bilanz als Grundlage der Steuerbemessung, Zwischenbilanzen; Bilanzdelikte (Fälschung, Verschleierung).

Kritik der Bilanzen.

(11) * Einführung in die Buchhaltung mit Übungen (für Studierende ohne Vorkenntnisse) – *Mo 8-10, Sb 9-10 vorm.* . . . . Gerstner

Wesen und Grundbegriffe der Buchhaltung und ihre Beziehungen zu Wirtschaft und Recht. Die Handelsbücher. Die Konten. Die Technik des Buchens. Die Vermögensrechnung, die Erfolgsrechnung und ihre Verbuchung. Die Anwendung der Grundsätze ordnungsmäßiger Buchführung nach den verschiedenen Buchhaltungsmethoden, veranschaulicht an kurzen, typischen Geschäftsgängen mit jeweiligem Abschluß. Inventarisierung und die Technik der Bilanzierung. Uebungen.

(12) Einführung in die doppelte Buchhaltung mit Übungen (für Studierende ohne Vorkenntnisse) – *Mi 5-7* . Mantzke

Wesen und Grundbegriffe der Doppik. Die Grund-, Neben- und Hauptbücher. Die Buchungstechnik. Verbuchung von Geschäftsgängen. Die Monatsarbeiten. Die Jahresarbeiten. Uebungen in den Abschlußarbeiten.

(13) Arithmetik und Algebra – *Mi 5-6* . . . . . . Ziegel

Potenzen, Wurzeln und Logarithmen. Logarithmisches Rechnen. Gleichungen, insbesondere ersten und zweiten Grades. Proportionen. Arithmetische und geometrische Reihen. Permutationen und Kombinationen. Der binomische Satz.

(14) Handelsjournalistik – *Mi 7-8* . . . . Haas

Einleitung: Aus der Organisation und der Technik der Zeitung. Die Zeitungen und ihr Publikum. Der Handelsteil und seine Bestandteile. Die verschiedenen Arten der Handelsberichterstattung. Zweck und Grenzen der Berichterstattung. Der Börsenbericht. Die auswärtigen Börsen. Der Bericht über den Geldmarkt. Die Bankausweise. Die Aktiengesellschaften und die Kursgestaltung. Die Lebensgeschichte der Aktiengesellschaft im Spiegel der Handelspresse. Die offiziellen Mitteilungen der Aktiengesellschaften. Besprechung und Kritik von Geschäftsberichten und Bilanzen. Berichte über Generalversammlungen.

Warenhandel und Fabrikbetrieb

Dozent

(15) Spezielle Welthandelslehre: Der Handel Mittel- und Westeuropas nebst Ausblicken auf den überseeischen Produktenhandel – *Mo 10-12* . . . . Hellauer

Handelseinrichtungen und Handelsverhältnisse, Organisation und Technik des Handelsverkehrs in den europäischen Handelsstaaten mit besonderer Berücksichtigung Deutschlands sowie der Hauptartikel des Welthandels.

Des näheren besteht folgende Reihenfolge:

1. Der Handel Deutschlands,

2. Der Handel in Getreide, Zucker, Spiritus, Petroleum, Holz, Eiern, Kaffee, Tabak, Reis, Baumwolle, Wolle, Seide u. a. Textilrohstoffen, Garnen, Rohgeweben, Rauchwaren, Kohle, Eisen, Metallen, Kalisalzen.

3. Der Handel Oesterreich-Ungarns, der Schweiz, Frankreichs, Belgiens, der Niederlande, Großbritanniens.

(16) Organisation des Buchhandels – *Do 9-10 abends* Paschke

Geschichtliche Entwicklung des deutschen Buchhandels zu den heutigen Betriebsformen: Verlag, Sortiment, Antiquariat, Kolportage- und Reisebuchhandel, Kommissionsbuchhandel u. Barsortiment. — Der buchhändlerische Geschäftsverkehr: Der Verkehr über Leipzig; die Verkehrseinrichtungen in Leipzig und anderen Kommissionsplätzen. — Die Bezugs- und Lieferungsformen. — Die Jahresabrechnung (Buchhändlermesse). — Der Verkehr des Buchhandels mit den Bücherkäufern: Der Schutz des Ladenpreises.

– Gewerbliche Einzelvorträge. Im Februar halten in der Aula der Handels-Hochschule Vertreter der Praxis aus Handel und Industrie Vorträge über ihr besonderes Gebiet. Ueber diese Vorträge wird ein besonderes Programm ausgegeben. Sie sind den Studierenden ohne Entgelt zugänglich. –

Bankwesen

(17) * Bankbetriebslehre – *Di 11-1, Mi 11-12* . . . Prion

Geschichtliche Entwicklung des Bankbetriebs. I. Der ertragswirtschaftliche Bankbetrieb: a) Die allgemeinen Grundlagen: 1. Betriebsgrundsätze, Beschaffung des eigenen Kapitals. 2. Beschaffung des fremden Kapitals (Depositen, Noten, Obligationen). 3. Verwendung der eigenen und fremden Mittel (Diskont, Lombard, Buchforderungen, Kontokorrentkredit, Anleiheübernahme, Gründungs-, Umwandlungsgeschäft, Emissionsgeschäft, Beteiligungen, Effektenanlage, Hypotheken). 4. Abwicklung der Geschäfte: das Kontokorrentkonto. 5. Beanspruchung von Kredit (Rediskontierung, Lombard, Buch-, Akzeptkredit). 6. Das Liquiditätsproblem. 7. Die sonstigen Geschäfte (Bar-, Zahlungs-, Aufbewahrungsgeschäfte). b) Organisation und Geschäftspolitik der verschiedenen Bankunternehmungen (Privatbankier, Aktienbanken, staatliche Banken, sonstige Banken).

Dozent

II. Der genossenschaftliche Bankbetrieb. 1. Betriebsgrundlagen (Kapital, Reserven, Haftsummen, Zinspolitik). 2. Beschaffung des fremden Kapitals. 3. Verwendung der Kapitalien. 4. Zentralkassen. 5. Liquidität, Revisionswesen.

III. Der Betrieb der Notenbanken: a) Reichsbank. 1. Bankgesetz als Grundlage. 2. Organisation und Verwaltung der Reichsbank. 3. Aufgaben der Reichsbank (Notenausgabe, Zahlungsverkehr, Kapitalverwendung). 4. Diskontsatz. Diskontpolitik. Devisenpolitik. 5. Reichsbank, ertragswirtschaftliche Banken, Geld- und Kapitalmarkt. b) Die Privatnotenbanken. c) (als Anhang vergleichsweise): Die Notenbanken der wichtigsten übrigen Länder.

(18) Bankverkehr (mit Berücksichtigung der Rechnungstechnik) – *Do 4-6* . . . . Hellauer

Entwicklung des Bankwesens, die Arten der Banken, Ueberblick über die Bankgeschäfte. Wechsel und Scheck und die Geschäfte mit denselben, insbesondere Wechseldiskontgeschäft und Devisenhandel. Edelmetall- und Sortenhandel. Die Arten der Effekten nach ihren wirtschaftlichen Grundlagen; der Effektenverkehr und die in Verbindung mit demselben sich ergebenden Bankgeschäfte. Depositen- und Kontokorrentverkehr. Die im Wechsel-, Metall-, Münz-, Effekten- und Kontokorrentverkehr sich ergebenden Berechnungen unter Berücksichtigung der maßgebenden Handelsgebräuche des In- und Auslandes.

– Börsenhandel siehe Nr. 5 –

(19) *Private Kapitalanlage und Vermögensverwaltung – *Fr 8-9 abends* . . . . Prion

Wesen, Bedeutung der Kapitalanlage. I. Die Anlagemöglichkeiten: Einzahlungen bei Sparkassen, Banken, Genossenschaften, Versicherungsgesellschaften; Gewährung von Darlehen gegen Schuldschein, Hypotheken, Kauf von Grundstücken, Häusern; Beteiligung bei geschäftlichen Unternehmungen; Anlage in Wertpapieren (Obligationen, Aktien, Börsenhandel).

II. Die Kunst der Kapitalanlage: Nach welchen Gesichtspunkten hat die Kapitalanlage zu erfolgen? Anleger und Auswahl der Anlagen, Spekulation, Beratung.

III. Vermögensverwaltung (einschließlich Buchführung).

(20) Zinseszins- und Rentenrechnung – *Mi 6-7* . . . Ziegel

Zinseszins-, Diskont- und Rentenfaktoren als Hilfsmittel zur Lösung der verschiedenen Zinseszinsaufgaben und zur Kapitalisierung von jährlichen und unterjährigen Renten. Tilgung von Anleihen durch gleichbleibende und veränderliche Renten (Annuitäten). Einlösung von Obligationen mit und ohne Aufschlag (Agio).

Verkehrswesen

(21) Eisenbahnverkehrs- und Tarifwesen – *Mi 8-9 abends* J. Hoffmann

Geschichtlicher Rückblick auf die Entstehung der deutschen Eisenbahnen. Deren Verwaltungseinrichtungen. Vorbereitung, Ausführung und Beendigung der Eisenbahngüterbeförderung an der Hand des Handelsgesetzbuchs, der Eisenbahnverkehrsordnung und des Internationalen Übereinkommens über den Frachtverkehr,

Dozent

belegt mit praktischen Beispielen. Das deutsche Eisenbahn-Gütertarifsystem in formeller und materieller Hinsicht. Regelrechte und Ausnahmetarife. Gruppierung der deutschen, wie der internationalen Tarife. Praktische Anwendung der Tarife mit Beispielen. Eisenbahnräte.' Eisenbahngeographie. Zoll- und steuergesetzliche für den Eisenbahnverkehr in Betracht kommende Bestimmungen usw.

Versicherungswesen

siehe unter Versicherungslehre Seite 34.

Übungen und Seminare

(22) Privatwirtschaftliche Übungen: Proseminar (A) . . Leitner

a) Abteilung für Bankkaufleute — Fr 6-8

b) Abteilung für Waren- und Industriekaufleute – Fr 11-1 (14 tägig).

Über Ziele und Zwecke vergleiche die Seminarordnung des Professors Leitner.

(23) Privatwirtschaftliches (handelswissenschaftl.) Seminar – *Mi 9-11* . . . . Hellauer

Systematische Erweiterung und Vertiefung des Einblickes in Organisation und Technik des Handels und seiner Hilfsgewerbe durch Besprechungen, Uebungen und Vorträge der Studierenden. Anleitung zu wissenschaftlichen Arbeiten.

(24) Privatwirtschaftliches (handelswissenschaftl.) Seminar (A) – *Fr 11-1 (14 tägig)* . . . . Leitner

Referate über größere privatwirtschaftliche Arbeiten.

(25) Handelswissenschaftliches Seminar für Kaufleute des Warenhandels, der Industrie und des Bankwesens – *Mi 9-11* . . . . Schär

Uebungen, Vorträge, Disputationen, Repetitorien aus dem gesamten Gebiete der allgemeinen und speziellen Handelsbetriebslehre; Besprechung einschlägiger Zeit- und Streitfragen sowie der neuen Literatur. Stellung von Problemen für die wissenschaftlichen Arbeiten und methodologische Anleitung dazu. Laufende Erhebungen über einzelne Erscheinungen aus dem Waren- und Kapitalmarkt, insbesondere aus der Kriegswirtschaftspolitik in privatwirtschaftlicher Beleuchtung usw.

(26) * Seminar für Bank- und Finanzwesen (A) – *Mi 9-11* Prion

Kolloquium über Tagesfragen. – Kritische Würdigung der Finanzpresse. – Lösung von Aufgaben aus der Bank- und Finanzierungspraxis. – Anfertigung von Gutachten, Referaten und wissenschaftlichen Arbeiten, vorzugsweise auf dem Gebiete des Geld-, Bank- und Börsenwesens sowie der Finanzierung in Handel und Industrie. Besprechung der Lage der in- und ausländischen Geld- und Kapitalmärkte.

Dozent

(27) Buchhaltungsseminar – *Fr 9-11* . . . . Schär

1. Die Bank-, Fabrik- und Gesellschaftsbuchhaltung; schwierige Fälle bei Eröffnung der Buchhaltung (Gründung, Umwandlung, Liquidation, Sanierung von Einzelfirmen und Handelsgesellschaften).

2. Kritische Vergleichung der in der Praxis vorkommenden Buchhaltungsformen und ihrer Variationen. Errichtung zweckmäßiger Buchführung für verschiedene Arten und Größen des kaufmännischen und industriellen Betriebs, mit den bezüglichen Kontensystemen und Kontengruppierungen. Die Bedeutung der Zwischenkonten.

3. Die Verbuchungen von Partizipationsgeschäften, Syndikat- und Konsortialgeschäften. Buchführung der Filialen mit sachgemäßer Kontrolle.

4. Kritische Vergleichung der kaufmännischen Buchhaltung mit der Kameralistik (Buchhaltung im Staats- und Kommunalhaushalt).

5. Bilanzkunde und Bilanzkritik. Bilanzstudien. Durchschnittsbilanzen mit Rentabilitätsberechnungen. Kalkulatorische und statistische Bearbeitungen der Buchhaltungsergebnisse. Normative Verhältniszahlen über die Zusammensetzung der aktiven und passiven Bilanzwerte und der Rentabilität. Theorie und Praxis der Zwischenbilanz.

6. Verschiedene Zeit- und Streitfragen aus dem Gebiete der Buchhaltung (Verwendung loser Blätter, Bewertungsproblem usw. Bücherrevision, Treuhandgesellschaften, Fälschungen, Kontrollen usw.)

Nur für Studierende, die die grundlegenden Vorlesungen über Buchhaltung gehört oder die durch theoretische und praktische Ausbildung sich ausreichende Vorkenntnisse des Faches angeeignet haben.

(28) Kolloquium über privatwirtschaftliche Fragen – *14täg. in noch zu bestimmenden Stunden* . . . . . Leitner

Die Teilnehmer werden besonders eingeladen. Anmeldungen werden nicht entgegengenommen.

Volkswirtschaftslehre

Theoretische Nationalökonomie, Statistik

(29) Allgemeine Volkswirtschaftslehre – *Di, Fr 9-11* . Esslen

Das Wesen der menschlichen Wirtschaft; ihre Entwicklungsstufen; der Begriff der heutigen Volkswirtschaft. – Die Grundlagen jeglichen Wirtschaftslebens: äußere Natur, Bevölkerung, Staat und Gesellschaft, Recht und Sitte, Eigentum und Erbrecht. – Die Grundtatsachen der heutigen Volkswirtschaft: Bedürfnis, Gut, Wert, Preis. – Die Lehre von der Güterherstellung und dem Güterverkehr: Produktion und Produktivität, die persönlichen und die sachlichen Hilfsmittel der Güterherstellung (Arbeit, Boden, vermehrbare sachliche Produktionsmittel), die Technik, Unternehmer und Unternehmung, Geld, Kapital und Kredit. – Die Verteilung des Volkseinkommens: Grundrente, Arbeitslohn, Kapitalzins, Unternehmergewinn. – Theorie der Konjunktur und der Krisen.

Dozent

(30) Werttheorien – *Mo 12-1* . . . . v. Bortkiewicz

1. Die klassische Lehre und ihre Weiterbildung durch die Vertreter des ökonomischen Liberalismus einerseits und des Sozialismus andererseits. 2. Die Grenznutzentheorie. Das Gesetz von Angebot und Nachfrage und das Produktionskostengesetz im Lichte dieser Theorie. 3. Versöhnung des objektivistischen mit dem subjektivistischen Standpunkt.

(31) Spezielle Nationalökonomie – *Mi, Do 12-2* . . . Sombart

1. Handel und Verkehr. 2. Gewerbe: a) die Entwicklungstendenzen des gewerblichen Kapitalismus; b) Kapitalismus und Handwerk. 3. Landwirtschaft; a) ihre Sonderstellung in der Verkehrswirtschaft; b) die Tendenzen der agrarischen Entwicklung. 4. Die Entwicklung der internationalen Wirtschaftsbeziehungen. 5. Die Arbeiterfrage.

(32) Die Entstehung des modernen Kapitalismus – *Di 8-9 abends* . . . . Sombart

Bedeutung wirtschaftsgeschichtlicher Vorlesungen. Die Aufgabe. – Die Erfüllung der Bedingungen des modernen Kapitalismus: Land und Volk. – Der Staat. – Die Technik. – Die Edelmetallproduktion. — Die Entstehung des bürgerlichen Reichtums. — Die Entstehung des kapitalistischen Geistes. -- Die Entstehung des Marktes. – Die Hemmungen der kapitalistischen Entwicklung.

(33) Einführung in die Weltwirtschaft – *Sb 9-11* . . . Esslen

Begriff und Umfang des Welthandels und Weltverkehrs. Getreide, Fleisch und sonstige tierische Nahrungsmittel, die landwirtschaftlichen Erzeugnisse wärmerer Klimate, besonders Kaffee, Tee, Kakao, die landwirtschaftlich-technischen Nebengewerbe: Bier, Zucker, Spiritus, die künstlichen Düngemittel. Kohle und Eisen, die übrigen Metalle, die metallverarbeitenden Gewerbezweige (Schiffbau, Maschinenbau und elektrische Industrie), das Erdöl und die sonstigen Mineralien. Die Textilindustrie: Baumwolle, Wolle, Leinen, Seide und die übrigen Faserstoffe. Papier-, Leder- und chemische Industrie. Die Entwicklung der Landverkehrsmittel, die Seeschiffahrt.

(34) *Allgemeine Handelsgeschichte unter Berücksichtigung der welthistorischen Beziehungen – *Di 8-9 abends* Hoeniger

Der Handel der alten Welt. Zusammenbruch der antiken Kultur. Einfluß der christlichen Kirche auf die mittelalterliche Organisation des Handels. Politisches und merkantiles Vordringen des Islam. Handelsgeschichtliche Stellung der Juden im Mittelalter. Neue Anfänge des Städtewesens und des Bürgertums. Kreuzzüge. Umgestaltung der Welthandelsbeziehungen seit dem Zeitalter der Entdeckungen. Nationale Staatsbildung und Anfänge großkapitalistischer Entwicklung. Ueberseekolonisation und Handelskriege. Kontinentalsperre. Moderne Welthandelsmächte und Weltpolitik.

(35) *Die wirtschaftliche Bedeutung des Deutschtums im Ausland – *Di 7-8* . . . . Hoeniger

Mittelalterliche Kolonisation und auswärtige Handelsniederlassungen des alten Deutschen Reichs. Zusammenbruch der

Dozent

deutschen Weltstellung. Nationale Verluste durch Auswanderung. Neuer Aufschwung als Folge der Aufrichtung des neuen Deutschen Reichs. Veränderte Stellung und Haltung des Auslanddeutschtums. Heutige Verbreitung des Deutschtums über die Erde. Bedeutung der deutschen Kulturgemeinschaft und des nationalen Empfindens für unser Wirtschaftsleben.

– Russische Wirtschaftsverhältnisse siehe Nr. 92 –

– Belgien siehe Nr. 93 –

Praktische Nationalökonomie, Finanzwissenschaft, Politik

(36) Handelspolitik – *Mi 4-6* . . . . Kuczynski

Begriffliches. – Die merkantilistische Lehre. – Der Merkantilismus in England. – Der Merkantilismus in Preußen. – Die Freihandelslehre. – Der Freihandel in England. – Die Abkehr vom Merkantilismus in Preußen. — Die schutzzöllnerische Bewegung in Deutschland (List). – Die deutsche Freihandelsbewegung. – Der Uebergang Deutschlands zum Freihandel. — Der Uebergang Deutschlands zum Schutzzoll. – Die Schutzzollpolitik der 80er Jahre. – Die Handelspolitik Caprivis. – Die Handelspolitik Hohenlohes. – Die deutsche Handelspolitik im 20. Jahrhundert. – Die Handelspolitik Kanadas. – Die Handelspolitik der Vereinigten Staaten von Amerika. – Handelspolitik und Volksernährung.

(37) Probleme der Weltwirtschaftspolitik – *Mo 6-7* . . Zoepfl

Auswärtige Kapitalinvestition und Politik. – Aktuelle Fragen der auswärtigen Handelspolitik. – Die Organisation des Seeverkehrs. – Der internationale Geldmarkt im Frieden und im Kriege. – Probleme der Aus- und Einwanderung, der Rückwanderung und der internationalen Arbeiterbeschaffung. – Die weltwirtschaftliche Zahlungsbilanz der Großstaaten.

(38) Wirtschaftliche Interessen – *Mo 9-10 vorm.* . . . Kriele

1. Privatwirtschaftliche und volkswirtschaftliche Interessen der Unternehmung (Einzelunternehmung, Gesellschaftsunternehmung; Großbetrieb, Kleinbetrieb; Arbeitgeber und Arbeitnehmer) und der Erwerbsgruppen (Landwirtschaft, Handwerk, Industrie, Handel, Verkehrswesen).

2. Gesetzlich anerkannte Vertretungen und freie Vereine. a) Landwirtschaft und Handwerk. b) Handel und Industrie in Deutschland, England, Frankreich. c) Freie Vereinigungen von Kaufleuten und von Industriellen. d) Interessenvertretungen von Angestellten und von Arbeitern. – Deutsche Interessenvertretungen im Auslande; Handelssachverständige bei Konsulaten.

(39) Die Wohlfahrtspflege als Faktor im wirtschaftlichen Leben, verbunden mit Führungen durch soziale Einrichtungen Berlins – *Mo 7-8* . . . . v. Erdberg

Nach einer kurzen Einführung in die Theorie der Wohlfahrtspflege sollen nach Einvernehmen mit den Zuhörern einzelne

Dozent

Gebiete der praktischen sozialen Fürsorge eingehender behandelt werden. Es kommen dabei vornehmlich in Betracht: Fabrikwohlfahrtspflege, Bekämpfung der Arbeitslosigkeit (Arbeitsnachweis), Jugendpflege, Volksbildungswesen u. a.

(40) Finanzwissenschaft – *Mo 10-12, Sb 10-11* . . . Preuß

Die Entwicklung der Finanzwissenschaft und der Finanzsysteme. – Die Wirtschaft der politischen Gemeinwesen. — Das Budget. – Einnahme und Ausgabe. – Das Einnahmesystem. – Ordentliche und außerordentliche Einnahmen. – Verwaltungs- und Finanzvermögen. – Oeffentliche Betriebe. – Monopole. – Gebühren. – Steuern. – Prinzipien der Besteuerung. – Einteilung und Arten der Steuern. – Das System der Reichssteuern. – Die preußischen Staatssteuern. – Die Kommunalsteuern in Preußen. – Vergleichender Ueberblick. – Die öffentlichen Anleihen und Schulden. – Das Ausgabensystem. – Ordentliche und außerordentliche Ausgaben. – Die Finanzkontrollen und das Finanzrecht.

(41) Staatsanleihen und Staatsschulden (mit besonderer Berücksichtigung der Kriegsanleihen der Gegenwart) – *Do 8-9 abends* . . . . Esslen

Die politische, soziale und wirtschaftliche Bedeutung der Staatsanleihen in der Gegenwart. – Ueberschuß und Fehlbetrag; die verschiedenen Arten der Ausgaben und ihre Deckung. — Der Kriegsschatz. — Steuern oder Schulden? — Die geschichtliche Entwicklung des öffentlichen Kredits. — Die verschiedenen Arten der öffentlichen Schulden. — Die schwebenden Schulden. — Die fundierten Schulden: tilgungspflichtige Anleihen und Rentenschuld. — Die Begebung der Anleihen. – Wahl der Bedingungen. – Tilgung und Konversion. — Ueberblick über Entwicklung und gegenwärtigen Stand des Staatsschuldenwesens in den hauptsächlichsten Ländern. — Der Staatsbankerott.

(42) Weltpolitik – *Di 7-8* . . . . Köbner

Die Weltpolitik in ihrer Bedeutung für die politische und wirtschaftliche Gesamtlage unserer Zeit. Europäische Politik und Weltpolitik. — Weltpolitik in den Kulturkreisen des Altertums und des Mittelalters. Entstehung der modernen Weltpolitik im Zeitalter der Entdeckungen. Die überseeische Ausbreitung der europäischen Nationen. — Der Wiedereintritt des geeinten Deutschlands in die Weltpolitik. Seine Entwicklung als Seemacht und als Kolonialmacht. Die Ausbreitung der deutschen Wirtschaftsinteressen in Europa und über See. — Weltpolitische Probleme der Gegenwart: Der britische Imperialismus und seine Ausartung. Probleme des Balkans und Vorderasiens. Die Aufteilung Afrikas. Nordamerikanische Probleme. Panama-Kanal und Suez-Kanal. Ostasiatische Probleme. — Die Weltpolitik und der Weltkrieg.

(43) Die deutsche Orientpolitik – *Mo 8-9 abends* . . Jäckh

Die geschichtlichen Grundlagen der deutschen Orientpolitik: von Friedrich Wilhelm I. über Friedrich den Großen zu Friedrich Wilhelm III.; von Friedrich List über Bismarck zu Kaiser Wilhelm II. – Das Ziel: Die Erhaltung einer gesunden Türkei als eines politischen Machtfaktors im Zusammenhang „von Helgoland bis Bagdad"

Dozent

(auch zur Bedrohung der englischen Weltherrschaft in Aegypten und in Indien), und als eines wirtschaftlichen Interessengebietes (sowohl für die Lieferung von Rohprodukten wie für den Absatz von fertigen Fabrikaten). – Die Mittel dazu: Der Aufbau des Orients durch deutsche Organisation (unter anderem: Militärmission, Bagdadbahn, Schulwesen). Die Gründe für das deutsch-türkische Bündnis, seine Leistungen im deutschen Krieg gegen England, Rußland und Frankreich, und die Aufgaben der deutsch-türkischen Gemeinschaft nach einem siegreichen Krieg.

Übungen und Seminare

(44) Volkswirtschaftliche Übungen (A) – *Mi 4-6* . . . Sombart

(45) Volkswirtschaftliche Übungen (A) – *Do 6-8* . . . Esslen

(46) Statistische Übungen für Anfänger – *Do 6-7* . . Rahts

Methoden zur Beschaffung und Verwertung statistischen Materials. Anleitung zum Verstehen und zur Benutzung der in den Jahrbüchern usw. enthaltenen statistischen Tabellen und Darstellungen. Lösung statistischer Aufgaben aus der Bevölkerungslehre und aus der Wirtschaftslehre.

(47) Übungen aus den Arbeitsgebieten der Interessenvertretungen von Handel und Industrie (A) – *Di 6-8* Kriele

Seminaristische Uebungen zur gutachtlichen und verwaltenden Tätigkeit der Interessenvertretungen. Feststellung der verschiedenen Interessen und ihrer relativen Bedeutung bei Gesetzen und deren Ausführungsmaßnahmen; Darstellung und Geltendmachung von gefährdeten Interessen.

Rechtswissenschaft

Privatrecht, Zivilprozeß

(48) Bürgerliches Recht – *Mo 10-12, Do 11-12* . . Eltzbacher

Allgemeine Lehren. — Grundeigentum, Hypothek, Grundschuld. — Eigentum an beweglichen Sachen, Pfandrecht. — Kauf, Miete, Dienstverhältnis, Gesellschaft und sonstige Rechtsverhältnisse des Geschäftsverkehrs. — Schadenersatzpflicht wegen unerlaubter Handlungen, Haftpflicht. — Ehe, insbesondere eheliches Güterrecht. — Elterliche Gewalt und Vormundschaft. — Gesetzliche Erbfolge und Testament, Rechtsstellung und Auseinandersetzung der Erben.

(49) Handelsrecht – *Di 5-7, Do 6-7* . . . . Heilfron

1. Handelsstand: Voll- und Minderkaufleute. — Register- und Firmenwesen. — Das Personal des Kaufmanns (Rechtsstellung der Prokuristen, Reisenden, Handlungsbevollmächtigten, -gehilfen, -lehrlinge). — Handlungsagenten und Handelsmäkler.

2. Handelsgesellschaften: Offene Handelsgesellschaft. — Kommanditgesellschaft. — Aktiengesellschaft. — Kommanditgesellschaft auf Aktien. — Stille Gesellschaft. — Gesellschaft mit beschränkter Haftung.

Dozent

3. Handelsgeschäfte: Kauf-, Kommissions-, Speditions-, Lager-, Frachtgeschäft.

4. Schiffahrtsrecht: Grundzüge des See- und Binnenschiffahrtsrechts.

5. Praktische Anleitung: Zum Entwerfen von Registeranmeldungen, Anstellungs-, Gesellschafts-, Lieferungsverträgen usw.

(50) Handelsrecht im Weltverkehr – *Mi 7-8* . . . . Meyer

Die allgemeine Charakteristik der Handelsrechte sämtlicher Kulturstaaten in ihrer Bedeutung für den Weltverkehr unter Berücksichtigung der Import- und Exportverhältnisse der betreffenden Staaten. Der Begriff des Kaufmanns, der Handelsgeschäfte und der Handelsgesellschaften nach den wichtigsten außerdeutschen Staaten im Vergleich zum deutschen Recht sowie die Vollstreckung deutscher Urteile im Ausland.

– Recht des Versicherungsvertrages siehe Nr. 63 –

(51) Patentrecht – *Fr 6-7* . . . . Osterrieth

Historische Einleitung. — Deutsches Recht. — Internationales Recht. — Rechtsvergleichender Ueberblick.

(52) Reichsgewerbeordnung – *Sb 9-10 vorm.* . . . . v. Seefeld

Entwicklung der Gewerbefreiheit in Deutschland, Entstehung und Geschichte der Reichsgewerbeordnung. Erläuterung der einzelnen Abschnitte der Gewerbeordnung unter besonderer Berücksichtigung der für die Großindustrie wichtigen Teile.

(53) Bank- und Börsenrecht – *Do 7-8* . . . . . . Heilfron

A) Bankrecht.

1. Allgemeines. a) Rechtsgrundlagen des Effektenverkehrs unter Zugrundelegung des Berliner Kurszettels. b) Die einzelnen Bankgeschäfte: Kontokurrent-, Diskont-, Lombard-, Depot-, Depositen-, Inkasso-, Effektenkommissions-, Gründungs-, Emissionsgeschäfte. 2) Die Notenbanken.

B) Börsenrecht. 1. Begriff und Arten der Börsen-Geschäfte. 2. Das Börsengesetz vom 27. Mai 1908. Allgemeine Bestimmungen. Feststellung des Börsenpreises. Zulassung von Wertpapieren zum Börsenhandel. Rechtliche Behandlung der Kassa- und der Termingeschäfte, der Prämien- und der Prolongationsgeschäfte. 3. Börsenstempelrecht.

(54) Wechselrecht – *Mi 6-7* . . . . Meyer

Geschichte des Wechsels. — Bestimmungen der deutschen Wechselordnung. — Ausländische Wechselrechte, ihre Grundzüge und wesentlichen Abweichungen vom deutschen Recht. — Internationales Wechselrecht. — Das neue Weltwechselrecht. — Wirtschaftliche Bedeutung des Wechsels.

(55) Konkursrecht – *Di 7-8* . . . . Heilfron

1. Konkursrecht: Konkursmasse. — Konkursgläubiger. Gemeinschuldner. — Abwicklung schwebender Geschäfte. — Anfechtung. — Aussonderung. — Absonderung.

Dozent

2. Konkursverfahren: Eröffnung. — Teilungs- und Schuldenmasse. — Verteilung. — Zwangsvergleich. — Betrüglicher und einfacher Bankerutt.

3. Anfechtung von Rechtshandlungen des Schuldners außerhalb des Konkursverfahrens.

4. Praktische Anleitung: Zur Stellung von Eröffnungsanträgen. Forderungsanmeldungen, Zwangsvergleichvorschlägen usw.

(56) Zivilprozeß (mit schriftlichen Uebungen) – *Do 9-11* Nußbaum

Begriff, Bedeutung und Hauptgrundsätze des Zivilprozesses. Die Gerichtsverfassung. Anwaltschaft. Gerichtsvollzieher. Zuständigkeit der Gerichte. Allgemeine Verfahrensregeln. Das Verfahren bei den Landgerichten, den Amtsgerichten, den Gewerbe- und Kaufmannsgerichten. Mahnverfahren. Urkunden- und Wechselprozeß. Zwangsvollstreckung. Gerichtliches Kostenwesen. Kaufmännisches Schiedsgerichtswesen.

Öffentliches Recht

(57) Deutsches und preußisches Staatsrecht – *Sb 11-1* Preuß

Staat und Recht. — Rechts- und Verfassungsstaat. – Das Reich und die Einzelstaaten. – Die Organisation des Reichs (Kaiser, Bundesrat, Reichstag – Reichskanzler und oberste Reichsämter). – Die Reichskompetenz und Reichsgesetzgebung. — Die Organisation des preußischen Staates (Krone, Landtag, Ministerium). – Die preußische Landesgesetzgebung.

– Sozialversicherung siehe Nr. 64 –

(58) Deutsche Verfassungsgeschichte – *Mo 12-1* . . . Preuß

Das alte Reich und die Territorien. — Die Auflösung der Reichsverfassung. — Deutsche Staatlosigkeit. — Oesterreich und Preußen. – Zusammenbruch und Fremdherrschaft; der Rheinbund. — Die preußische Reform. — Freiheitskriege und Wiener Kongreß. — Die deutsche Bundesakte. — Der süddeutsche Konstitutionalismus. — Norddeutschland und Preußen bis 1830. — Zwischen 1830 und 1848. — Die Bewegung von 1848 und die Reaktion. — Der Konstitutionalismus in Preußen; „neue Aera" und Verfassungskonflikt. — Die Krisis von 1866; Norddeutscher Bund und neues Reich. — Die Entwicklung der Reichsverfassung.

Übungen und Seminare

(59) Juristische Übungen für Anfänger – *wahlweise Do 9-11 (Übungen A) oder Fr 11-1 (Übungen B)* Eltzbacher

Besprechung einfacher Rechtsfälle aus dem Geschäftsleben. — Entwerfen von Geschäftsbriefen in Rechtsangelegenheiten.

Am Donnerstag und Freitag wird derselbe Stoff behandelt. Die doppelte Abhaltung der Übungen dient nur der Verminderung der Teilnehmerzahl.

(60) Juristisches Seminar (A) — *Sb 5-7 (14 tägig)* . . Eltzbacher

Anleitung zur wissenschaftlichen Behandlung von Fragen des Rechts und der Politik.

Versicherungslehre

Vorlesungen

Dozent

(61) * Allgemeine Versicherungslehre – *Sb 11-1* . . . Manes

Die wirtschaftlichen, rechtlichen und technischen Grundlagen des gesamten Versicherungswesens mit besonderer Berücksichtigung der Privatversicherung. Begriff und Wesen, Voraussetzungen und Grenzen, Entwicklung, Bedeutung und Statistik der Versicherung. Ihre Organisationsarten und Unternehmungsformen; Verbände. Der Geschäftsbetrieb der Versicherungsanstalten: Innendienst und Agentenwesen. Die Probleme der Versicherungspolitik: Staatsaufsicht, Besteuerung, Vertragsrecht. Die Versicherungsliteratur.

(62) Privatversicherung – *Mi 7-9* . . . . v. Liebig

Transport-, Feuer-, Lebens-, Unfall- und Haftpflichtversicherung usw. — Geschichtliche Entwicklung und gegenwärtiger Stand jedes einzelnen Versicherungszweigs. — Zweck und Gegenstand. — Die einzelnen Versicherungsarten. — Technik. — Verbände. — Statistik.

(63) Recht des Versicherungsvertrages – *Mo 7-8*. . . Hager

Allgemeines. — Uebersicht über das Reichsgesetz über den Versicherungsvertrag vom 30. Mai 1908. — Die Arten der Versicherungsverträge. — Grundbegriffe. — Der Abschluß des Vertrages. — Die Prämie. — Anzeigepflicht und Gefahrerhöhung. — Der Versicherungsfall. – Die Einwirkung des Krieges auf den Versicherungsvertrag.

(64) * Sozialversicherung – *Sb 10-11* . . . . Manes

Die Versicherung als Einrichtung der Sozialpolitik. Entwicklung, Organisation und Technik der sozialpolitischen Versicherungen. Ihre Bedeutung für die Privat- und die Volkswirtschaft. Die einzelnen Zweige: Kranken-, Unfall-, Invaliden-, Alters- und Hinterbliebenenversicherung; Angestelltenversicherung. Sozialversicherung des Auslands.

Übungen

(65) Versicherungspraktikum mit besonderer Berücksichtigung der privaten Feuerversicherung – *Do 7-9 (14täg.)* v. Liebig

Besprechung von Fällen aus der Praxis der Feuerversicherungsunternehmungen unter Berücksichtigung der neuesten Judikatur.

(66) * Versicherungsübungen (auch für Anfänger) – *Fr 4-6 (14 tägig)* . . . . Manes

Die Versicherung im Dienste des Kaufmanns. — Besprechung wichtiger Fragen aus dem Gesamtgebiet des privaten und des sozialen Versicherungswesens. — Praktische Ratschläge für die Nutzanwendung der einzelnen Versicherungszweige. — Eventuell Besichtigungen.

Genossenschaftslehre

Vorlesungen

Dozent

(67) Aus der Geschichte des Genossenschaftswesens unter besonderer Berücksichtigung der Erfahrungen während des Krieges – *Fr 4-6* . . . . Crüger

Darstellung der geschichtlichen Entwicklung des Genossenschaftswesens und der wichtigsten Genossenschaftsarten. Der Einfluß des Krieges auf das Genossenschaftswesen.

Übungen

(68) Übungen im Genossenschaftswesen (A) – *Fr 6-7* . Crüger

Die Uebungen bilden eine Ergänzung zu den Vorlesungen. Einige Vorkenntnisse sind erforderlich. Die Teilnehmer haben Vorträge über grundlegende Einzelfragen aus dem Gebiete des Genossenschaftswesens zu halten.

Chemie und chemische Technologie

Vorlesungen

(69) Anorganische Chemie und Technologie – *Di 11-1, Mi 11-12* . . . . Binz

Grundbegriffe: Elemente, Atome, Moleküle. — Wasserstoff und die wichtigsten Nichtmetalle: Sauerstoff. Das Chlor und seine Säuren. Technische Verwendungen. Flüssige Luft. Stickstoff. Ammoniak und Kälteerzeugung. Salpetersäure aus Chilesalpeter und aus Luft. Der Schwefel und seine Säuren. Phosphor; Zündholzindustrie. Kieselsäure. Kohlensäure, Kohlenoxyd. — Die wichtigsten Metalle und ihre Salze. Natrium; Salzgewinnung; Sodaindustrie. Kalium; Staßfurter Salze, Kalk, Mörtel; Phosphatdünger; Gips. Glasindustrie. Radium. Aluminium, Alaun, Ton, Tonerde; Tonwaren; Zement; Ultramarin; natürliche und künstliche Edelsteine. Seltene Erden, Glühkörper. Zink. Eisen und Stahl. Nickel. Mangan. Chrom. Arsen. Antimon. Zinn. Wismut. Blei. Kupfer und seine Legierungen. Erd- und Mineralfarben. Quecksilber. Die Edelmetalle.

(70) Kohle und Eisen – *Do 7-8* . . . . Binz

Entstehung von Torf, Braunkohle und Steinkohle. Holzkohle. Graphit und Bleistiftindustrie. — Technik der Wärmeerzeugung. — Koks. — Geschichte der Steinkohlenindustrie und des Hochofens. Gußeisen, Schmiedeeisen, Stahl. — Die Erfindungen von Huntsman, Cort, Bessemer, Martin, Thomas und Gilchrist. — Braunkohle. — Destillation der Steinkohle. — Gasbeleuchtung. — Ammoniak aus Steinkohle. Verwendung in der Industrie des Kunstdüngers, der Eisfabrikation und der Sodaindustrie. — Farbstoffe aus Steinkohlenteer.

(71) Bewertung, Behandlung und Verwertung des Getreides sowie Einrichtung von Getreidespeichern – *Mo 8-9 abends* . . . . J. F. Hoffmann

1. Allgemeine Bewertung des Getreides. Der Handel nach Gehalt. 2. Wie lagert und behandelt man Getreide zur Erlangung

Dozent

und Erhaltung eines möglichst hohen Gebrauchs- und Verkaufswertes? Praktische Erfahrungen, Vorschriften für die Getreidebehandlung. Die häufigsten Getreideschädlinge nebst Vertilgungsmethoden. 3. Die einzelnen Speichersysteme und ihre maschinelle Einrichtung. Die Getreidetrocknung. 4. Die Verwertung des Getreides in der Müllerei, Bäckerei und Brauerei.

Übungen und Praktika

(72) Chemisch-technisches Kolloquium (A) – *Do 5-6* . Binz

Besprechung wissenschaftlicher und industrieller Fragen.

(73) Dreistündiges chemisches Praktikum (A) – *wahlweise Mo, Mi, Do, Fr 10-11* . . . . Binz

Anfängerübungen. Qualitative und quantitative Analyse. Anorganische und organische Präparate und Synthesen. Experimentelle Einführung in technische Verfahren und warenkundliche Untersuchungsmethoden, je nach der chemischen Vorbildung und den speziellen Bedürfnissen der Teilnehmer.

(74) Sechsstündiges chemisches Praktikum (A) – *wahlweise Mo, Mi, Do, Fr 10-11* . . . . Binz

Der Lehrstoff ist derselbe wie beim dreistündigen Praktikum und wird in der entsprechend kürzeren Zeit erledigt.

Physik und mechanische Technologie

Vorlesungen

(75) *Maschinenlehre – *Mo 10-12, Do 11-12* . . . Martens

Grundgesetze der Mechanik, Festigkeitslehre, Theorie der Maschinenelemente und Wärmelehre.

Antriebsmaschinen. a) Wärmekraftmaschinen: 1. Bezeichnungen für Arbeit, Leistung, Wärmemenge; 2. Einzelteile der Kolbenmaschinen (Zylinder, Kolben, Pleuelstange, Kurbelwelle usw.); 3. Explosionsmotoren (für Leuchtgas, Sauggas, Gichtgas; Benzin, Spiritus); 4. Verbrennungsmotoren (für Rohpetroleum); 5. Kolbendampfmaschinen und ihre Geschichte; 6. Dampfturbinen; 7. Dampfkessel für 5. und 6.; 8. Vergleich der verschiedenen Brennmaterialien und Motorarten in Bezug auf wirtschaftliche Verhältnisse und gesetzliche Vorschriften. b) Windmotore. c) Wassermotore (Wasserräder, Turbinen; Stauanlagen, Talsperrren usw.); elektrische Kraftübertragung (die innere Einrichtung von Dynamomaschinen wird im Sommersemester in der Vorlesung über Elektrizitätslehre besprochen).

Arbeitsmaschinen: 1. Wasserförderung (Pumpen, Wasserversorgung usw.); 2. Gas- insbesondere Luftförderung (Pumpen, Kompressoren, Bomben, Prinzip von Gasbrennern usw.); 3. Kälteindustrie (flüssige Luft, Sauerstoff, künstliches Eis, Kühlhallen).

Lagerungs-, Hebe- und Transportanlagen 1. Hebezeuge (Flaschenzüge, Krane, Aufzüge); 2. Kontinuierliche Förderung von körnigen Massen (Getreide, Sand usw.); 3. Kleinbahnbetrieb (in Fabriken, Bergwerken auf kurze Entfernungen); 4. Eisenbahnbetrieb auf größere Entfernungen, insbesondere Lokomotiven; 5. Wassertransport.

Dozent

(76) *Beleuchtungstechnik – *Do 8-9 abends* . . . . Martens

Erzeugung und Fortleitung von elektrischer Energie. Die wichtigsten Brennmaterialien (Petroleum, Benzol, Spiritus, Leuchtgas, Preßgas, Blaugas). Die verschiedenen Lichtquellen (Glühlampen, Brenner mit Glühstrümpfen). Natur und Messung der Lichtstrahlung.

(77) *Drahtlose Telegraphie – *Fr 8-9 abends* . . . Martens

Maschinen zur Erzeugung mittelfrequenter Wechselströme. Erzeugung von hochfrequenten Wechselströmen in Schwingungskreisen. Antennenkreise, Sende- und Empfangseinrichtung einer Station für drahtlose Telegraphie. Ausbreitung kurzer Hertzscher Wellen und der langen Wellen der drahtlosen Telegraphie. Anwendungsgebiete der drahtlosen Telegraphie.

(78) Luftschiffahrt im Frieden und im Kriege, mit Lichtbildern — *Fr 8-9 abends* . . . . Marcuse

Allgemeine Darstellung der wissenschaftlichen, technischen, industriellen und militärischen Bedeutung der Luftschiffahrt. — Zukunft der Luftschiffahrt. — Verkehrstechnik und Luftrecht.

Übungen und Praktika

(79) * Technische Ausflüge – *Mi 3-5 (14tägig)* . . . Martens

In Aussicht genommen ist u. a. die Besichtigung folgender Anstalten:

1. Der technischen Anlagen von Handels-Hochschule und Börse; 2. einer Sauggasanlage und kleinen elektrischen Zentrale; 3. einer Automobilfabrik; 4. einer Diesel-Motoranlage; 5. einer Dampfturbinenfabrik; 6. einer elektrischen Haupt-; 7. einer Nebenzentrale; 8. eines städtischen Wasserwerkes; 9. einer Markt- und Kühlhallenanlage; 10. des Kgl. Verkehrsmuseums; 11. einer Lokomotivfabrik.

(80) * Kleines physikalisch-technisches Praktikum – *Do oder Sb 3-6* . . . . Martens

(81) * Mittleres physikalisch-technisches Praktikum – *Do, Sb 3-6* . . . . Martens

Mit den physikalisch-technischen Uebungen im physikalischen Institut werden folgende Zwecke verfolgt: 1. Einprägung und besseres Verständnis der wichtigsten physikalischen Gesetze; 2. Erlernung der wichtigsten Maßbezeichnungen; 3. Erwerbung von Sicherheit im Rechnen, insbesondere mit Rechenschieber und Logarithmentafel. 4. Aneignung der praktisch wichtigsten Fertigkeiten z. B. Messung von Längen, Zeitmessung, Wägen; Anlassen und Untersuchung von Benzinmotoren, Elektromotoren usw. 5. Uebung in zeichnerischer Darstellung. Die unter 2, 3, 4 und 5 genannten Zwecke können niemals in einer Vorlesung, sondern nur durch praktische Uebungen erreicht werden. Im Verlauf eines Semesters kann im kleinen Praktikum naturgemäß nur eine kleinere Anzahl dieser Aufgaben bearbeitet werden als im mittleren Praktikum.

Geographie

Vorlesungen

Dozent

(82) * Allgemeine Geographie als Grundlage der Wirtschaftsgeographie – *Di 9-11* . . . . Tiessen

Grundbegriff und Gliederung der Geographie. Das Wesen der allgemeinen Geographie und die Stellung der Wirtschaftsgeographie in der Gesamtwissenschaft. Hauptlehren der 1. mathematischen Geographie: Erdgestalt, Kartographie; 2. physischen Geographie: Bodengestaltung, Klimalehre, Kunde der Meeresräume und der Binnengewässer; 3. biologischen Geographie: Verbreitung der Pflanzen und Tiere; 4. Geographie des Menschen: die Rassen und ihre Verbreitung, Geographie der Kulturformen und Staatenkunde, geographische Grundlagen der wirtschaftlichen Betätigung (Produktion, Verkehr und Handel).

(83) Der Kreislauf des Wassers auf der Erde und seine Bedeutung für das Wirtschaftsleben – *Di 4-5* . . Baschin

Verdunstung und Wolken. Regen und Schnee. Grundwasser und Quellen. Flüsse und Täler. Seen und Becken. Gletscher und Eisberge. Der Ozean und seine Bewegungsformen, Wellen, Strömungen, Ebbe und Flut. – Bedeutung für Produktion, Handel, Landverkehr und Schiffahrt.

(84) * Spezielle Wirtschaftsgeographie II. Teil – *Mo 4-6, Di 4-5* . . . . Wegener

Asien. Allgemeines. Lage. Raumverhältnisse. Grundzüge des festländischen Baus, der Gewässer, des Klimas, der Pflanzen- und Tierwelt, der menschlichen Besiedelung. Natürliche und politische Gruppierung der Bevölkerung und deren wirtschaftliche Bedeutung. Einzeldarstellung der Hauptwirtschaftsgebiete: Vorderasien, Russisch-Asien, Zentral- und Ostasien, Südostasien und Indien. Amerika, Afrika, Australien in ähnlicher Behandlung.
Zusammenfassungen und Ausblicke.

(85) * Wirtschaftsgeographie von Frankreich und Italien – *Sb 9-10 vorm.* . . . . Tiessen

(86) Völkerkunde der deutschen Schutzgebiete (mit Lichtbildern) – *Mo 8-9 abends* . . . . v. Luschan

Oceanien: Melanesier, Polynesier, Papua. Allgemeines zur geistigen und materiellen Kultur der Oceanier. Südwestafrika, Buschmänner und Hottentotten; Herero und Ovambo. Wasswahili und wirkliche Bantu. Hamiten, Masai und Hima. Kamerun und Togo. Hausa, Mandingo und Fulh. Prähistorische Zusammenhänge mit der Mittelmeerkultur.

(87) Geographische Ortsbestimmung am Lande, auf See und in der Luft, auch mit Rücksicht auf koloniale Aufgaben – *Mo 8-9 abends* . . . . Marcuse

Grundbegriffe der astronomischen Geographie, Nautik und Aeronautik. — Instrumente und Methoden zur Ortsbestimmung bei Land-, See- und Luftfahrten.

Übungen und Seminare

Dozent

(88) * Wirtschaftsgeographische Übungen für Anfänger und Vorgerückte (A) – *Mo 6-8 (14 tägig abwechselnd mit den Übungen von Professor Tiessen)* . . . Wegener

(89) * Geographische Übungen für Vorgerückte (A) – *Mo 5-7 (14 tägig abwechselnd mit den Übungen von Professor Wegener)* . . . . Tiessen

(90) Geographische Übungen – *Di 5-6* . . . . . . Baschin

(91) Übungen zur Ortsbestimmung auf der astronomischen Station der Handels-Hochschule, im Anschluß an die Vorlesung über geographische Ortsbestimmung – *Mo 9-10 abends* . . . . Marcuse

Handhabung der Instrumente. — Praktische Anleitung zur Ausführung geographischer, nautischer und aeronautischer Ortsbestimmungen.

Fremde Sprachen und Kulturen

Vorlesungen

(92) * Russische Wirtschaftsverhältnisse – *Mo 7-8* . . . Palme

I. Die wirtschaftsgeographischen Gebiete des europäischen und asiatischen Rußland (mit gelegentlichen Lichtbildern).

II. Die Landwirtschaft Rußlands. Die neue Agrargesetzgebung und ihre wirtschaftliche Bedeutung. Die kolonisatorische Erschließung Sibiriens.

III. Industrie und Handel Rußlands.

(93) * Belgien – *Di 7-9* . . . . Somary

Kurse

– Die Zahl der Teilnehmer ist im Interesse einer gründlichen Ausbildung beschränkt. Anmeldungen nach dem 6. November haben keinen Anspruch auf Berücksichtigung. Bei den Oberkursen ist die Aufnahme von dem Bestehen einer mündlichen und schriftlichen Aufnahmeprüfung abhängig. –

Englisches Seminar

(94) Oberkursus (ohne Handelskorrespondenz) – *Do 3-5* Brandenburg

Nur für immatrikulierte Studierende.

(95) Oberkursus (mit Handelskorrespondenz) – *Di 3-5* Brandenburg

Nur für immatrikulierte Studierende.

Romanisches Seminar

(96) Französischer Oberkursus – *Mo, Do 4-6* . . . Pariselle

Nur für immatrikulierte Studierende.

Dozent

(97) Italienischer Unterkursus – *Mo 3-5* . . . . . . Hecker

(98) Italienischer Mittelkursus – *Fr 3-5* . . . . . . Hecker

(99) Spanischer Unterkursus – *Mo 4-6* . . . . . . de Palacios

(100) Spanischer Oberkursus – *Do 4-6* . . . . . . de Palacios

Russisches Seminar

(101) Unterkursus – *Di, Fr 7-9* . . . . v. d. Osten-Sacken

Kaufmännisches Unterrichtswesen und Pädagogik

Vorlesungen

(102) *Pädagogische Zeitfragen – *Sb 10-11* . . . . . Kühne

Die Erziehung im Zusammenhang mit dem wirtschaftlichen, rechtlichen und geistigen Leben der Gegenwart. Die Aufgaben der Pädagogik als Wissenschaft. Prüfung der geistigen Fähigkeiten. Eigenart des Jugendalters. Gemeinschaftliche Erziehung der männlichen und weiblichen Jugend in den kaufmännischen Schulen. Staatsbürgerliche Erziehung der kaufmännischen Jugend. Künstlerische Erziehung in kaufmännischen Schulen. Aufgaben der Jugendpflege.

– Einführung in die Buchhaltung mit Übungen (für Studierende ohne Vorkenntnisse) siehe Nr. 11 –

Übungen

(103) * Handelslehrer-Seminar I (A) – *Sb 11-1 (14tägig)* Kühne

Behandlung von Fragen des Erziehungs- und Unterrichtswesens im Anschluß an Berichte der Mitglieder.

(104) * Handelslehrer-Seminar II (A) – *Fr 5-8* . . . . Kühne

Besprechungen über grundlegende Fragen der Unterrichtstechnik. Muster- und Probelektionen. Lehrtätigkeit der Mitglieder. Besuch von kaufmännischen Schulen Berlins und der Vororte.

Die Übungen finden in den kaufmännischen Schulen der Korporation der Kaufmannschaft unter Mitleitung von Herrn Direktor Dr. Knörk statt.

Allgemeine wissenschaftliche Ausbildung

(105) * Psychologie – *Mo 7-8* . . . . Frischeisen-Köhler

Die Seelenfrage. Die exakte Seelenforschung und ihre Ergebnisse. Die Verwertung der Psychologie im Dienst der praktischen Kulturaufgaben.

Dozent

(106) Über Theaterkunst – *Do 6-7* . . . . Herrmann

Der Widerspruch in den Aufgaben des Theaters: Theater im Dienst der dramatischen Dichtung, Theater ein soziales Spiel. Vereinigung in den klassischen Leistungen (Griechen, Shakespeare, Molière, Lessing, Schiller). Theater und Drama in der Gegenwart. — Das Theaterpublikum. Seine Seele. Sein Haus. — Bühneneinrichtungen einst und jetzt. — Das Wesen der Schauspielkunst. Theaterschule. Rollenstudium. — Der Regisseur im Dienste des Dichters, des Publikums, des Schauspielers. Die Probe. Der artistische Direktor.

(107) * Deutsche Kunst im 19. Jahrhundert (mit Lichtbildern) — *Di 6-7* . . . . Justi

Die alte Kunst. Der Klassizismus. Die Nazarener. Die Romantik. Franzosen und Belgier. Historien- und Genremalerei. Die Deutschrömer. Menzel. Der Impressionismus. Bewegungen der Gegenwart.

(108) Die Kunst im Geschäftsleben des Kaufmanns (mit Lichtbildern) – *Di 7-8* . . . . Jessen

Kunst und Kunstgewerbe als Helfer des deutschen Handels. Bauten und Geschäftsräume: Banken, Kaufhäuser, Läden, Schaufenster. Die Ausstattung der Waren: Packungen, Aufschriften. Der Geschmack in der Reklame: Plakate, Geschäftsdrucksachen, Kataloge. Der Bureaubedarf. Ausstellungen.

Fertigkeiten

(109) Kurzschrift (Stolze-Schrey) für Anfänger – *Di 8-10 abends* . . . . Coprian

(110) Kurzschrift (Stolze-Schrey) für Vorgerückte – *Fr 8-10 abends* . . . . Coprian

Zusammenfassende Wiederholung des Systems, Diktatübungen und Debattenschrift.

Stundenüber

Stunde	Montag	Dienstag	Mittwoch
8—9	*Gerstner, Einführ. i. d. Buchh.	Paszkowski, Deutsch für Ausländer	
9—10	*Gerstner, Einführ. i. d. Buchh. Kriele, Wirtschaftl. Interessen	Esslen, Allg. Volkswirtschaftl. Schär, Kalkulation *Tiessen, Allg. Geographie Paszkowski, Deutsch für Ausländer	Hellauer, Privatw. Se Leitner, Allg. Betrieb *Prion, Bankseminar Schär, Handelsw. Ser
10—11	Eltzbacher, Bürgerliches Recht Hellauer, Spez. Welthandelsl. *Martens, Maschinenlehre Preuß, Finanzwissenschaft	Esslen, Allg. Volkswirtschaftl. Schär, Kalkulation *Tiessen, Allg. Geographie	Hellauer, Privatw. Se Leitner, Allg. Betrieb *Prion, Bankseminar Schär, Handelsw. Ser
11—12	Eltzbacher, Bürgerliches Recht Hellauer, Spez. Welthandelsl. *Martens, Maschinenlehre Preuß, Finanzwissenschaft	Binz, Anorgan. Chem. u. Techn. Hellauer, Allg. Welthandelsl. *Prion, Bankbetriebslehre	Binz, Anorgan. Chem. Hellauer, Allg. Welth *Prion, Bankbetriebs
12—1	v. Bortkiewicz, Werttheorien Eltzbacher, Einf. i. d. Studium[1]) Preuß, Verfassungsgeschichte	Binz, Anorgan. Chem. u. Techn. Hellauer, Allg. Welthandelsl. *Prion, Bankbetriebslehre Schär, Kfm. Betriebsl.: Organis.	Eltzbacher, Einf. i. d. St Sombart, Spez. Nation
1—2			Sombart, Spez. Nation
2—3			
3—4	Hecker, Italienischer Unterkursus	Brandenburg, Engl. Oberkursus I	*Martens, Techn. Au
4—5	*Wegener, Spez. Wirtsch. Geog. Hecker, Italienischer Unterkursus de Palacios, Spanischer Unterkurs. Pariselle, Französ. Oberkursus	Baschin, Kreislauf d. Wassers *Wegener, Spez. Wirtsch. Geog. Brandenburg, Engl. Oberkursus I	Kuczynski, Handelsp *Martens, Techn. Au Sombart, Volksw. Üb
5—6	*Tiessen, Geogr. Seminar[2]) *Wegener, Spez. Wirtsch. Geog. de Palacios, Spanischer Unterkurs. Pariselle, Französ. Oberkursus	Baschin, Geograph. Übungen Heilfron, Handelsrecht	Kuczynski, Handelsp Mantzke, Einf. i. d. dop Sombart, Volksw. Üb Ziegel, Arithmetik u.
6—7	*Tiessen, Geogr. Seminar[2]) *Wegener, Geogr. Übung.[2]) Zoepfl, Weltwirtschaftspolitik	Heilfron, Handelsrecht *Justi, Deutsche Kunst Kriele, Wirtschaftliche Übungen	Mantzke, Einf. i. d. dop Meyer, Wechselrecht Ziegel, Zinsesz. u. Ren
7—8	v. Erdberg, Wohlfahrtspflege *Frischeisen-Köhler, Psychol. Hager, Recht d. Versich.-Vertr. *Palme, Russ. Wirtschaftsverh. *Wegener, Geogr. Übungen[2])	Heilfron, Konkursrecht *Hoeniger, Deutschtum i. Ausl. Jessen, Kunstgewerbe Köbner, Weltpolitik Kriele, Wirtschaftliche Übungen *Somary, Belgien v. d. Osten-Sacken, Russ. Unterkurs.	Haas, Handelsjournal v. Liebig, Privatversic Meyer, Handelsr. i. We
8—9	J. F. Hoffmann, Getreideverw. Jäckh, Deutsche Orientpolitik v. Luschan, Völkerk. d. Schutzg. Marcuse, Geogr. Ortsbestimm.	*Hoeniger, Allg. Handelsgesch. *Somary, Belgien Sombart, Kapitalismus Coprian, Kurzschrift für Anfänger v. d. Osten-Sacken, Russ. Unterkurs.	J. Hoffmann, Eisenbah v. Liebig, Privatversi
9—10	Marcuse, Üb. z. Ortsbestimm.	Coprian, Kurzschrift für Anfänger	

[1]) In den ersten drei Wochen des Semesters [2]) Alle 14 Tage [3]) Abwechselnd alle

tersemester 1915/16

Donnerstag	Freitag	Sonnabend	Stunde
	Paszkowski, Deutsch für Ausländer		8–9
:her, Jur. Übungen A r, Allg. Buchhaltungsl. um, Zivilprozeß	**Esslen,** Allg. Volkswirtschaftsl. ***Prion,** Finanzierung **Schär,** Buchhaltungsseminar **Paszkowski,** Deutsch für Ausländer	**Esslen,** Einf. i. d. Weltwirtsch. ***Gerstner,** Einführ. i. d. Buchh. **v. Seefeld,** Reichsgewerbeord. ***Tiessen,** Wirtsch.Geog.Frankr.	9–10
:her, Jur. Übungen A r, Bilanzkunde um, Zivilprozeß	**Esslen,** Allg. Volkswirtschaftsl. ***Prion,** Finanzierung **Schär,** Buchhaltungsseminar	**Esslen,** Einf. i. d. Weltwirtsch. ***Kühne,** Pädagog. Zeitfragen ***Manes,** Sozialversicherung **Preuß,** Finanzwissenschaft	10–11
:her, Bürgerl. Recht r, Bilanzkunde ns, Maschinenlehre	**Eltzbacher,** Jur. Übungen B **Leitner,** Übg. f. Industriekfl. } [3] **Leitner,** Privatw. Seminar }	***Kühne,** Handelslehrersem. I[2]) ***Manes,** Allg. Versicherungsl. **Preuß,** Staatsrecht	11–12
:her, Einf. i. d. Studium [1]) rt, Spez. Nationalökon.	**Eltzbacher,** Jur. Übungen B **Leitner,** Übg. f. Industriekfl. } [3] **Leitner,** Privatw. Seminar } **Schär,** Kfm. Betriebsl.: Organis.	**Eltzbacher,** Einf. i. d. Studium [1]) ***Kühne,** Handelslehrersem. I[2]) ***Manes,** Allg. Versicherungsl. **Preuß,** Staatsrecht	12–1
rt, Spez. Nationalökon.			1–2
			2–3
burg, Engl. Oberkursus II	**Hecker,** Italienischer Mittelkursus		3–4
er, Bankverkehr burg, Engl. Oberkursus II cios, Spanischer Oberkurs. , Französ. Oberkursus	**Crüger,** Gsch. d. Genossensch. ***Manes,** Versich.-Übungen [2]) **Hecker,** Italienischer Mittelkursus		4–5
hem.-techn. Kolloquium er, Bankverkehr cios, Spanischer Oberkurs. , Französ. Oberkursus	**Crüger,** Gsch. d. Genossensch. ***Kühne,** Handelslehrersem. II ***Manes,** Versich.-Übungen [2])	**Eltzbacher,** Jurist. Seminar [2])	5–6
Volksw. Übungen n, Handelsrecht ann, Theaterkunst Statist. Übungen	**Crüger,** Genossenschaftsübg. ***Kühne,** Handelslehrersem. II **Leitner,** Übg. f. Bankkaufl. **Osterrieth,** Patentrecht	**Eltzbacher,** Jurist. Seminar [2])	6–7
Kohle u. Eisen Volksw. Übungen n, Bank- u. Börsenrecht ig, Versich.-Praktik. [2])	***Kühne,** Handelslehrersem. II **Leitner,** Übg. f. Bankkaufl. **v. d. Osten-Sacken,** Russ. Unterkurs.	**Binz,** Chem. Praktikum, 3 stündig, wahlweise Mo, Mi, Do, Fr 10-1 – Chemisches Praktikum, 6 stündig, wahlweise Mo, Mi, Do, Fr 10-1 ***Martens,** Physik.-techn. Praktikum: — Kleines Do od. Sb 3-6 — Mittleres Do u. Sb 3-6 **Leitner,** Kolloquium, in noch zu bestimm. Stunden	7–8
Staatsanl. u. Staatsschld. er, Börsenhandel ig, Versich.-Praktik. [2]) ns, Beleuchtungstechn.	**Marcuse,** Luftschiffahrt ***Martens,** Drahtl. Telegraphie ***Prion,** Kapitalanlage **Coprian,** Kurzschrift f. Vorgerückte **v. d. Osten-Sacken,** Russ. Unterkurs.		8–9
e, Organ. d. Buchhand.	**Coprian,** Kurzschrift f. Vorgerückte		9–10

www.ingramcontent.com/pod-product-compliance
Lightning Source LLC
LaVergne TN
LVHW091733021026
849161LV00003BB/610
* 9 7 8 3 1 1 2 6 7 4 7 1 0 *